9급 공무원 전기직

전기기기

기출문제 정복하기

9급 공무원 전기직

전기기기 기출문제 정복하기

초판 인쇄   2022년 1월 5일
초판 발행   2022년 1월 7일

편 저 자 | 김경일
발 행 처 | ㈜서원각
등록번호 | 1999-1A-107호
주   소 | 경기도 고양시 일산서구 덕산로 88-45(가좌동)
교재주문 | 031-923-2051
팩   스 | 031-923-3815
교재문의 | 카카오톡 플러스 친구[서원각]
영상문의 | 070-4233-2505
홈페이지 | www.goseowon.com
책임편집 | 정유진
디 자 인 | 이규희

모든 시험에 앞서 가장 중요한 것은 출제되었던 문제를 풀어봄으로써 그 시험의 유형 및 출제 경향과 난이도를 파악하는 데에 있다. 이를 통해 반복적으로 강조되어 온 이론 이나 내용을 확인하고 응용되는 문제 유형을 파악하여 보다 효율적으로 학습할 수 있다. 즉, 최단시간 내 최대의 학습효과를 거두기 위해서는 기출문제의 분석이 무엇보다도 중 요하다는 것이다.

전기이론 과목의 경우 다양한 이론과 공식을 묻는 문제들로 출제되는데, 핵심적인 이론 및 공식을 파악하고 충분한 문제풀이를 통해 이해하는 과정이 필요하다. 그 중 회로이 론 파트에서는 기본교류 · 직류 · 결합 회로, 과도현상, 선형회로망, 다상교류, 비정현파 등의 영역에서 출제된다. 난이도에 따른 접근 방법과 연습량이 요구된다.
전기기기 과목은 유도기, 변압기, 직류기, 정류기 등을 묻는 문제들로 구성된다. 전반적 으로 난도 높은 문제는 유도기와 정류기, 소형전동기에서 볼 수 있는데 학습의 수준을 조금 높게 설정하고 유사문제를 많이 다루어 보는 것이 필요하다.

9급 공무원 전기기기 기출문제집은 이를 주지하고 그동안 시행되어 온 국가직, 지방직 및 서울시 기출문제를 과목별, 연도별로 수록하여 수험생들에게 실제 시험 문제 유형에 실전과 같이 대비할 수 있도록 하였다.

9급 공무원 시험의 경쟁률이 해마다 점점 더 치열해지고 있다. 이럴 때일수록 기본적인 내용에 대한 탄탄한 학습이 빛을 발한다. 수험생 모두가 자신을 믿고 본서와 함께 끝까 지 노력하여 합격의 결실을 맺기를 희망한다.

1%의 행운을 잡기 위한 99%의 노력! 본서가 수험생 여러분의 행운이 되어 합격을 향한 노력에 힘을 보탤 수 있기를 바란다.

Structure

● 기출문제 학습비법

step
01
실제 출제된 기출문제를 풀어보며
시험 유형과 출제 패턴을 파악해
보자. 스톱워치를 활용하여 풀이
시간을 체크해 보는 것도 좋다.

step
02
정답을 맞힌 문제라도 꼼꼼한
해설을 통해 기초부터 심화 단
계까지 다시 한 번 학습 내용을
확인해 보자!

step
03
오답분석을 통해 내가 취약한
부분을 파악하자. 직접 작성한
오답노트는 시험 전 큰 자산이
될 것이다.

step
04
합격의 비결은 반복학습에 있
다. 집중하여 반복하다보면 어
느 순간 모든 문제들이 내 것
이 되어 있을 것이다.

● 본서의 특징 및 구성

기출문제분석
최신 기출문제를 비롯하여 그동안 시행된 기출문제를 수록하여
출제경향을 파악할 수 있도록 하였습니다. 기출문제를 풀어봄으
로써 실전에 보다 철저하게 대비할 수 있습니다.

상세한 해설
매 문제 상세한 해설을 달아 문제풀이만으로도 학습이 가능하도
록 하였습니다. 문제풀이와 함께 이론정리를 함으로써 완벽하게
학습할 수 있습니다.

Contents

기출문제

Success is the ability to go from one failure
to another with no loss of enthusiasm.

Sir Winston Churchill

공무원 시험
기출문제

전기기기

1 자여자 직류발전기에서 회전속도가 빨라지면 일어나는 현상으로 옳지 않은 것은?

① 리액턴스 전압이 작아진다.

② 정류 특성이 부족 정류로 바뀔 수 있다.

③ 계자회로의 절연이 파괴될 수 있다.

④ 정류자와 브러시 사이에 불꽃이 발생할 수 있다.

2 자동제어 장치에 쓰이는 서보 모터의 특성으로 옳지 않은 것은?

① 발생 토크는 입력 신호에 비례하고 그 비가 크다.

② 빈번한 시동, 정지, 역전 등의 가혹한 상태를 견뎌야 한다.

③ 시동 토크는 크나, 회전부의 관성 모멘트와 전기적 시정수가 작다.

④ 직류 서보 모터에 비하여 교류 서보 모터의 시동 토크가 매우 크다.

3 동일 정격인 동기기에서 단락비가 큰 기계에 대한 설명으로 옳지 않은 것은?

① 극수가 적은 고속기이다.

② 과부하 내량이 크고 안정도가 좋다.

③ 기계의 형태와 중량이 크고 가격이 비싸다.

④ 전압 변동률이 작고 송전선 충전 용량이 크다.

1 리액턴스 전압 $e_L = L\dfrac{2I_c}{T}[V]$이므로 속도(주기)가 빨라지면 T가 작아지므로 리액턴스 전압이 커진다.

직류발전기의 자극은 전자석을 사용하는데, 전자석을 만드는 여자 방식에 따라 자여자 발전기와 타여자 발전기로 분류한다.

ⓐ **자여자 직류발전기** : 계자 권선의 여자 전류를 자기 자신의 전기자 유기 전압에 의해 공급하는 발전기이다. 계자 권선과 전기자 권선의 결선 방법에 따라 분권, 직권, 복권 발전기로 나눈다.

ⓑ **타여자 직류발전기** : 독립된 직류전원에 의해 계자 권선을 여자시키는 발전기이다. 여자 전류를 변화시킴으로써 발전 전압을 변화시킬 수 있다.

자여자 직류발전기의 경우 리액턴스 전압이 작아지게 되면 회전속도가 줄어들게 된다.

2 교류 서보 모터에 비하여 직류 서보 모터의 시동 토크가 크다.

3 단락비가 큰 동기기의 특징
- ㉠ 속도가 저속이며 극수가 많다.
- ㉡ 동기임피던스가 작다.
- ㉢ 전압 변동률이 작다.
- ㉣ 전기자 반작용이 작다.
- ㉤ 전기자 기자력이 작다.
- ㉥ 계자 기자력이 크다.
- ㉦ 공극이 크다.
- ㉧ 출력이 향상된다.
- ㉨ 자기여자가 방지된다.
- ㉩ 안정도가 증진된다.
- ㉪ 과부하 내량이 증가한다.
- ㉫ 단락전류가 커진다.
- ㉬ 충전 용량이 커진다.
- ㉭ 철손이 커진다.
- ⓐ 효율이 나쁘다.
- ⓑ 설비비가 고가이다.

정답 및 해설 1.① 2.④ 3.①

4 동일한 전압의 전원에 대해 60[Hz]용 변압기를 50[Hz] 전원에 사용할 경우 발생하는 현상으로 옳은 것은?

① 철심의 단면적을 $\dfrac{1}{1.2}$배로 감소시켜도 동일한 변압 특성을 얻을 수 있다.

② 자속밀도가 1.2배로 증가하여 변압기의 자속이 포화될 수 있다.

③ 변압기 철심의 온도가 낮아진다.

④ 가청 소음이 감소한다.

5 동일한 단상 변압기 2대를 이용하여 V결선한 변압기의 전부하 시 출력은 10[kVA]이다. 동일한 단상 변압기 1대를 추가하여 △결선한 경우의 정격출력[kVA]은?

① $\dfrac{10}{\sqrt{3}}$

② 10

③ 15

④ $10\sqrt{3}$

6 정격출력 15[kW], 정격전압 200[V]의 타여자 직류발전기가 있다. 전기자 권선저항 0.08[Ω], 브러시 전압강하 2[V]라 하면 이 발전기의 전압 변동률[%]은? (단, 발전기의 회전수, 여자전류는 부하의 대소에 관계없이 일정하다)

① 2

② 3

③ 4

④ 5

7 정격전압 300[V], 전부하 전류 30[A], 전기자 저항 0.3[Ω]인 직류분권전동기가 있다. 이 전동기에 정격전압을 인가하여 기동시킬 때, 기동전류를 정격전류의 2배로 제한하고자 하는 경우 전기자회로에 연결해야 할 저항[Ω]은? (단, 계자전류는 무시한다)

① 4.4

② 4.7

③ 5.3

④ 5.6

4 ① 철심의 단면적을 감소시키면 변압 특성이 변하게 된다.

③ 변압기에 가해지는 주파수가 20% 정도 낮아지면 자속의 포화도가 높아져 전류가 증가하고 코일 및 철심에서 발생하는 손실이 많아지므로 발생하는 열이 많아 철심의 온도가 상승한다.

④ 변압기에 가해지는 주파수가 20% 정도 낮아지면 자속의 포화도가 높아져 전류가 증가하게 되면서 가청 소음이 증가하게 된다.

5 단상 변압기 3대를 사용하여 △결선으로 사용하다가 한 대가 고장나서 V결선으로 사용하는 경우 변압기의 용량은 종전 3대의 용량에 57.7%가 된다. 따라서 2대를 V결선으로 사용할 때 10kVA이였다면 3대를 △결선으로 사용할 때는 10/0.577 = 약 17.3[kVA] = $10\sqrt{3}$ 이라는 계산이 도출된다.

6 타여자 직류발전기의 경우 $I = \dfrac{15 \times 10^3}{200} = 75[A]$

무부하시의 전압을 구하면 $E = V + I_a R + e = 200 + \dfrac{15 \times 10^3}{200} \times 0.08 + 2 = 208[V]$ 이므로

전압 변동률 $\delta = \dfrac{E - V_n}{V_n} \times 100 = \dfrac{208 - 200}{200} \times 100 = 4[\%]$

7 기동전류는 정격전류의 2배로 제한하고자 하므로 $I_a = 30 \times 2 = 60[A]$

전기자회로에 삽입하는 저항을 R_s 라고 하면 $V = E + I_a(R_a + R_s)$ 에서

$R_a + R_s = \dfrac{V - E}{I_a} = \dfrac{300 - 0}{60} = 5[\Omega]$ 이므로 $\therefore R_s = 5 - R_a = 5 - 0.3 = 4.7[\Omega]$

정답 및 해설 4.② 5.④ 6.③ 7.②

8 수동부하 계통에서 전동기와 부하의 속도-토크 특성에 대한 설명으로 옳지 않은 것은? (단, T_M : 전동기토크, T_L : 부하토크, n : 운전점에서의 속도이다)

① $T_M > T_L$ 조건에서 가속 작용이 일어난다.

② $T_M = T_L$ 조건에서 정속도 운전이 이루어진다.

③ 가속 토크는 전동기-부하 계통의 관성 모멘트에 비례한다.

④ 전동기와 부하의 속도-토크 곡선의 교점에서 안정운전이 이루어지기 위해서는 $\dfrac{dT_M}{dn} > \dfrac{dT_L}{dn}$ 을 만족하여야 한다.

9 전부하 슬립 2[%], 1상의 저항 0.1[Ω]인 3상 권선형 유도전동기의 기동 토크를 전부하 토크와 같게 하기 위하여 슬립링을 통해 2차 회로에 삽입해야 하는 저항[Ω]은?

① 4.7

② 4.8

③ 4.9

④ 5.0

10 전원 전압이 단상 220[V]/60[Hz]인 사이리스터(SCR) 4개로 구성된 단상 전파 위상제어 정류회로에 5[Ω]의 순저항부하가 연결되어 있다. 이 사이리스터의 지연각(점호각) $\alpha = 30°$ 일 때, 출력전류의 평균값을 구하는 식으로 옳은 것은?

① $\dfrac{44\sqrt{2}}{\pi}(1+\sin 30°)$

② $\dfrac{44\sqrt{2}}{\pi}(1+\cos 30°)$

③ $\dfrac{220\sqrt{2}}{\pi}(1+\sin 30°)$

④ $\dfrac{220\sqrt{2}}{\pi}(1+\cos 30°)$

8

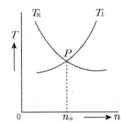

전동기에 부하를 걸고 안전하게 운전하기 위해서 그림과 같이 n이 증가할 때에는 부하토크 T_L이 전동기 발생 토크 T_M보다 커지고 n이 감소할 때에는 이와 반대로 되지 않으면 안 된다. 즉, 교점 P가 안정운전점이 된다.

$\dfrac{dT_M}{dn} < \dfrac{dT_L}{dn}$ (안정 운전), $\dfrac{dT_M}{dn} > \dfrac{dT_L}{dn}$ (불안정 운전)의 관계가 성립한다.

그림에서 전동기의 운전점이 P에서 오른쪽으로 증가하는 경우 $\dfrac{dT_L}{dn}$이 $\dfrac{dT_M}{dn}$보다 크므로 속도가 감속되어 다

시 P점으로 되돌아올 수 있다. 만약 P점이 왼쪽으로 이동하는 경우 $\dfrac{dT_M}{dn}$이 $\dfrac{dT_L}{dn}$보다 크게 되므로 가속이

되어 다시 P점으로 복귀하게 된다. 이 상태가 안정조건이다.

9 $\dfrac{r_s}{s} = \dfrac{r_s + R}{s'}$이므로 $\dfrac{0.1}{0.02} = \dfrac{0.1 + R}{1}$

$\therefore R = 4.9[\Omega]$

10 단상 전파정류 위상제어기인데 점호각이 30도이고, 순수저항부하이면, 출력전압파형은 반파만을 고려하면 정현파에서 30~180 구간에서만 출력파형이 존재한다. 그러므로 출력평균전압은 이 구간의 평균값을 구하면 된다. 이 구간에 대해 적분하면 $\dfrac{1}{\pi} \displaystyle\int_{30°}^{180°} 220\sqrt{2}\,(\sin\theta)d\theta$이며 이는 $\dfrac{220\sqrt{2}}{\pi}(1+\cos30°)$으로 계산이 된다. 그리고 평균전류는 이 값을 5[Ω]으로 나누면 되므로, 답은 $\dfrac{44\sqrt{2}}{\pi}(1+\cos30°)$이 된다.

11 신재생에너지 중 풍력발전기에 사용되는 전기기기에 대한 설명으로 옳은 것은?

① 동기발전기는 유효전력 제어만 가능하다.

② 권선형 유도발전기는 슬립링이 필요 없어 구조가 견고하다.

③ 영구자석형 동기발전기의 경우 모든 속도 영역에서 발전이 가능하다.

④ 권선형 유도발전기는 축의 회전 속도를 낮추기 위해 감속기어가 필요하다.

12 4극, 60[Hz]의 3상 유도전동기가 1740[rpm]으로 회전할 때, 회전자에 흐르는 전류의 주파수 [Hz]는?

① 1   ② 2

③ 3   ④ 6

13 3상 동기전동기의 최대 출력에 대한 설명으로 옳지 않은 것은? (단, 고정자의 저항은 무시한다.)

① 인가전압에 비례

② 역기전력에 비례

③ 계자전류에 비례

④ 동기리액턴스에 비례

14 임의로 설계된 동기발전기가 있다. 이 발전기의 모든 설계 사양은 동일하게 유지하면서 철심의 단면적을 증가시킬 경우 동기발전기의 출력 특성 변화로 옳은 것은?

① 전기자 반작용의 영향이 커진다.

② 백분율 동기임피던스가 커진다.

③ 과부하 대응 능력이 커진다.

④ 전압 변동률이 커진다.

15 변압기의 단락시험과 관계없는 것은?

① 전압 변동률

② 여자 어드미턴스

③ 임피던스 와트

④ 임피던스 전압

---

11 ① 동기발전기는 유효전력과 무효전력 모두 제어가 가능하다.

② 권선형 유도발전기는 슬립링이 필요하다.

④ 권선형 유도발전기는 감속기어가 필요하지 않다.

※ **풍력발전시스템의 발전기에 따른 분류**

ㄱ **직류발전기** : 발전용량이 작고 축전지의 충전, 전열용(급탕, 난방)에 주로 사용된다.

ㄴ **교류동기발전기** : 동기발전기와 일반 권선형 동기발전기, 영구자석 여자 동기발전기가 있다.

ㄷ **교류유도발전기** : 유도발전기, 농형유도발전기, 권선형 유도발전기가 있다.

12 우선 슬립을 구한다. 4극의 60[Hz] 유도전동기의 동기속도는 $N_s = \dfrac{120f}{P} = \dfrac{120 \times 60}{4} = 1800[rpm]$ 이므로

슬립은 $s = \dfrac{1800 - 1740}{1800} \times 100 = 3.3[\%]$, 회전자 주파수는 $f_2 = sf_1 = 0.033 \times 60 = 1.98[Hz]$

13 동기전동기의 출력 $P = \dfrac{VE}{Z_s} sin\delta[Mw]$ 이므로 동기리액턴스에 반비례한다.

14 발전기의 모든 설계 사양은 동일하게 유지하면서 철심의 단면적을 증가시킬 경우 동기발전기의 출력 특성 변화는 다음과 같다.

① 전기자 전류에 대한 기자력이 감소하게 되므로 전기자 반작용도 감소한다.

② 전기저항값이 줄게 되므로 당연히 백분율 동기임피던스가 감소한다.

④ 동일한 부하전류에 대해서 우선 전압 변동률이 감소한다.

15 단락시험과 관계되는 요소들 … 전압 변동률, 변압기 임피던스, 임피던스 와트, 임피던스 전압, 단락전류 여자 어드미턴스는 무부하 시험으로 구한다.

정답 및 해설 11.③ 12.② 13.④ 14.③ 15.②

16 정격전압 200[V]인 타여자 직류전동기에 계자전류 1[A]와 전기자전류 50[A]가 흘러서 4[N·m]의 토크가 발생되고 있다. 계자전류를 1.25[A]로, 전기자전류를 80[A]로 증가시킬 경우 전동기에 발생하는 토크[N·m]는? (단, 전기자 반작용 및 자기포화는 무시한다)

① 2.5

② 5.0

③ 6.4

④ 8.0

17 변압기 자기회로 재료로 가장 적합한 B−H 곡선의 특성으로 옳은 것은?

	보자력	비투자율
①	작다	작다
②	크다	작다
③	작다	크다
④	크다	크다

18 3상 유도기의 동작 모드에 대한 설명으로 옳은 것은?

① 회생제동의 경우 운동에너지는 전원측으로 공급되며 슬립이 0보다 작다.

② 역상제동의 경우 고정자 회전자계는 회전자 운동방향과 동일하다.

③ 전동기로 작용하는 경우 회전자 속도는 동기속도보다 빠르다.

④ 발전기로 작용하는 경우 회전자 속도는 동기속도보다 느리다.

19 전력용 반도체로 이용되는 사이리스터(SCR)에 대한 설명으로 옳지 않은 것은?

① 한번 턴 − 온 되면 항상 온 상태를 유지하는 래치형 소자이다.

② 순방향 전압을 인가하여도 제어 신호를 주지 않으면 턴 − 온되지 않는 특성을 가지고 있다.

③ 사이리스터를 꺼지게 할 때 게이트에 역전압을 인가하여 소호하는 것을 강제 전류(forced commutation)라고 한다.

④ 게이트 전류를 가하여 도통 완료 시까지의 시간을 턴 − 온시간이라고 하며 이 시간이 길면 소자가 파괴되는 수가 있다.

16 타여자 직류전동기의 토크는 전기자 반작용과 자기포화를 무시할 경우 $T = K \cdot I_f \cdot I_a$ (K는 상수, I_f는 계자전류, I_a는 전기자전류)의 식이 성립한다. 그러므로 계자전류 1[A]와 전기자전류 50[A]가 흘러서 4[N·m]의 토크가 발생되고 있다면 계자전류 1.25[A]와 전기자전류 80[A]가 흐를 때는 8[N·m]가 된다.

$T = K \cdot I_f \cdot I_a [N \cdot m]$ 에서 $4 = K \times 1 \times 50$, $K = \dfrac{4}{50}$, 따라서 $T = K \cdot I_f \cdot I_a = \dfrac{4}{50} \times 1.25 \times 80 = 8 [N \cdot m]$

17 변압기 자기회로는 영구자석과는 달리 전자석을 이용하는 경우이므로 보자력은 작은 것으로 히스테리시스면적을 작게 할 필요가 있다. 비투자율은 자속밀도에 비례하는 것이므로 큰 것이 적합하다.
　㉠ B－H곡선 : 강자성체에 대하여 자속밀도 B와 가해진 자계의 세기 H의 관계를 나타내는 곡선
　㉡ 비투자율 : 물질의 투자율과 진공의 투자율의 비
　㉢ 보자력 : 히스테리시스 곡선에서 자속의 값이 0이 되는 값

18 유도기는 3가지 모드로 동작한다. 3모드에는 전동기 작용(motoring), 발전기 작용(generating), 플러깅 작용(역상제동, plugging), 회생제동 작용이 있다.
　② 역상제동의 경우 고정자 회전자계는 회전자 운동방향과 반대이다.
　③ 전동기로 작용하는 경우 회전자 속도는 동기속도보다 느리다.
　④ 발전기로 작용하는 경우 회전자 속도는 동기속도보다 빠르다.

19 전력용 반도체로 이용되는 사이리스터(SCR)는 한 번 턴－온이 되면 턴－온이 유지되기 위한 유지전류(홀드전류) 이상의 부하전류가 지속되어야 한다. 그러므로 ①은 잘못된 설명으로 볼 수 있다.
　※ 사이리스터(Thyristor)란, 제어단자(G)로부터 음극(K)에 전류를 흘리는 것으로, 양극(A)과 음극(K) 사이를 도통(Turn on)시킬 수 있는 3단자의 반도체 소자이다. 실리콘제어정류기(Silicon Controlled Rectifier, SCR)라고도 불린다. PNPN의 4중 구조를 하고 있다. 게이트에 일정한 전류를 통과시키면 양극과 음극 간이 도통(Turn on)한다. 도통을 정지(Turn off)하기 위해서는, 양극과 음극 간의 전류를 일정치 이하로 할 필요가 있다. 다이오드와는 다르게 사이리스터는 단순히 순방향전압을 인가한다고 해서, 도통(Turn On)되지는 않으며 추가로 게이트에 펄스신호를 인가하여야 비로소 도통되게 된다.

정답 및 해설 16.④ 17.③ 18.① 19.①

20 변압기를 사용한 DC – DC 컨버터에서 직류 초퍼 회로의 역할로 옳은 것은?

① 시간적으로 변하는 전압이나 전류를 얻기 위해

② 외부로부터 서지 전압의 침입을 막기 위해

③ 1차측과 2차측의 안전을 위해

④ 에너지 효율을 올리기 위해

20 DC-DC 컨버터는 어떤 전압의 직류전원에서 다른 전압의 직류전원으로 변환하는 전자회로 장치를 말하며 (DC-DC 컨버터는 직류를 교류로 바꾸고, 다시 이것을 직류로 바꾸어 주는 형태로 진행된다.), 넓은 뜻으로는 직류전동기와 직류발전기를 기계적으로 결합한 것도 포함된다.

초퍼(chopper)란, 단어가 의미하는 바와 같이 전력을 썰어내는 것을 의미이며 초퍼 회로는 초퍼를 사용하여 직류를 교류로 변환(좀 더 정확히는 직류신호를 단속하여 교류신호로 변환함)하는 회로이다. DC-DC 컨버터에서 직류 초퍼 회로는 초퍼를 사용하여 직류를 시간적으로 변하는 전압이나 전류가 발생되는 직류로 변환하는 역할을 하는 회로이다.

정답 및 해설 20.①

1 보극이 없는 직류발전기의 정류 문제를 해결하기 위해서 부하의 증가에 따라 브러시의 위치를 어떻게 해야 하는가?

① 그대로 둔다.

② 회전방향과 반대로 이동한다.

③ 회전방향으로 이동한다.

④ 회전방향과 상관없이 극의 중간에 놓는다.

2 정격 380[V], 50[A] 직류 분권전동기의 기동전류를 정격 전류의 2배로 제한하기 위한 기동저항[Ω]은? (단, 전기자 저항은 0.3[Ω]이고, 계자저항은 무시한다.)

① 3.5   ② 3.8

③ 7.3   ④ 7.6

3 2대의 변압기로 V결선하여 3상 변압하는 경우 변압기 1대당 이용률은?

① 57.7[%]   ② 66.7[%]

③ 73.7[%]   ④ 86.6[%]

4 50[Hz], 4극 동기전동기의 회전자계의 주변 속도[m/sec]는 얼마인가? (단, 회전자계의 극 간격은 1[m]임)

① 50   ② 100

③ 150   ④ 200

5 4극, 1,200[rpm]의 교류발전기와 병행 운전하는 6극 교류 발전기의 회전수는 몇 [rpm]이어야 하는가?

① 600

② 800

③ 1,000

④ 1,200

---

1 보극이 없는 직류발전기의 정류 문제를 해결하기 위해서 부하의 증가에 따라 브러시의 위치를 회전방향으로 이동시켜야 한다.

2 전동기 정격전류가 50[A]이며 기동시에는 역기전력이 0이므로 기동전류는 전기자 저항과 기동저항의 합에 의해 제한된다. 즉, 기동전류를 2배인 100[A]로 제한하기 위해서는 다음의 조건을 만족시켜야 한다.

$100 = \dfrac{380}{(0.3 + R)}$ 이어야 하므로 $R = 3.5[\Omega]$

3 변압기 이용률 $= \dfrac{\sqrt{3} P_1}{2 P_1} = \dfrac{\sqrt{3}}{2} = 0.866$

2대의 변압기로 V결선하여 3상 변압하는 경우 변압기 1대당 이용률은 86.6[%]가 된다.

4 회전자의 주변 속도 $v = \pi D \dfrac{N}{60} [m/s]$

극간격이 1m이며 4극이므로 둘레를 4m로 근사하여 해석할 수 있다. 둘레가 4m이므로 지름은 $D = \dfrac{4}{\pi} [m]$가 된다.

50Hz, 4극이면, 동기속도가 1500[rpm]가 된다.

이를 식에 대입하면 $v = \pi (\dfrac{4}{\pi}) \dfrac{1500}{60} [m/s] = 100 [m/s]$가 된다.

5 $N_s = \dfrac{120f}{p}$ 이므로 4극 1200[rpm]인 경우의 주파수는 $f = \dfrac{N_s p}{120} = \dfrac{1200 \times 4}{120} = 40[Hz]$이 되며 6극인 경우의 주파수는 $f = \dfrac{N_s' p}{120} = \dfrac{N_s' \times 6}{120} = 40[Hz]$이어야 하므로 6극 교류발전기의 회전수는 800[rpm]이어야 한다.

6 다음 그래프는 직류전동기들의 토크특성곡선을 나타내고 있다. 이 토크곡선 중 직류 가동복권 전동기는? (단, I는 부하전류, τ는 토크를 나타낸다.)

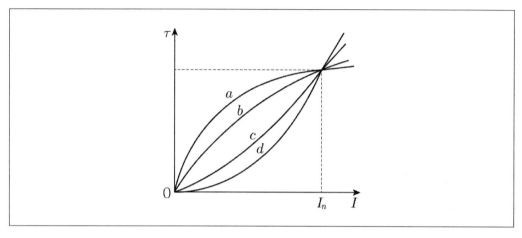

① a　　　　　　　　　　　　② b

③ c　　　　　　　　　　　　④ d

7 직류기의 전기자 권선법에 대한 설명으로 옳은 것은?

① 단중 중권의 브러시수는 극수와 같다.
② 동일 조건일 경우 단중 중권이 고전압, 소전류에 적합하다.
③ 단중 파권은 균압 접속을 하여야 한다.
④ 단중 파권의 전기자 병렬 회로수는 극수와 같다.

8 단락비가 큰 동기발전기의 설명 중 옳지 않은 것은?

① 효율이 나쁘다.
② 부피가 커지며 값이 비싸다.
③ 안정도와 선로 충전용량이 크다.
④ 전압 변동률이 크다.

9 어떤 변압기의 백분율 저항강하가 2[%], 백분율 리액턴스강하가 3[%]라 한다. 이 변압기로 역률이 80[%](뒤짐)인 부하에 전력을 공급하고 있다. 이 변압기의 전압변동률[%]은?

① 3.4　　　　　　　　　　　　② 2.4
③ 1.8　　　　　　　　　　　　④ 1.6

---

6 a : 차동복권, b : 분권, c :가동복권, d : 직권

직류전동기의 부하－토크 특성곡선

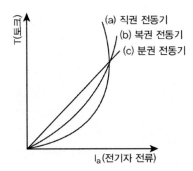

직류전동기의 부하－속도 특성곡선

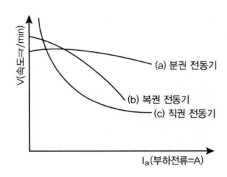

7 ② 중권방식은 병렬회로가 증가하기 때문에 저전압, 대전류용이다.
　③ 단중 파권은 직렬회로가 1개뿐이므로 균압 접속을 할 필요가 없다.
　④ 단중 중권일 경우 전기자 병렬 회로수가 극수와 같아진다.

8 발전기의 단락비 … 무부하 정격전압을 발생시키는 데 필요한 계자(여자)전류와 3상 단락시 정격전류와 동등한 전류를 흘리는 데 필요한 계자전류의 비이다.
　단락비가 크면 전압 변동율이 작게 되어 안정도가 향상되고 선로의 충전용량이 커지지만 본체가 커지게 되어 효율의 저하 및 가격 상승이 발생하게 된다.
　※ 단락비가 크게 될 경우 발생하는 현상
　　㉠ 전기자 코일의 권수가 작게 된다.
　　㉡ 자속수가 크게 되고 전압을 유기하기 위해 필요한 여자전류가 크게 된다.
　　㉢ 철기계가 되어 기계가 대형화되므로 중량이 무겁고 가격이 고가가 된다.
　　㉣ 철손 및 풍손이 크게 되어 효율이 나빠진다.
　　㉤ 전압 변동율이 작게 되어 안정도가 좋게 된다.
　　㉥ 과부하 내량이 크다.

9 $pcos\theta + qsin\theta = 2 \times 0.8 + 3 \times 0.6 = 3.4$
　$(\cos^2\theta + \sin^2\theta = 1)$

정답 및 해설 6.③ 7.① 8.④ 9.①

10 권수비가 같은 변압기 2대를 병렬 운전할 때 각 변압기의 분담 전류는 무엇과 관계가 되는가?

① 누설 리액턴스에 비례

② 누설 리액턴스에 반비례

③ 누설 임피던스에 비례

④ 누설 임피던스에 반비례

11 3상 동기발전기를 병렬 운전시키는 경우 고려하지 않아도 되는 것은?

① 기전력의 주파수가 같을 것

② 용량이 같을 것

③ 기전력의 위상이 같을 것

④ 기전력의 크기가 같을 것

12 60[Hz], 6극, 200[V], 10[kW]의 3상 유도전동기가 960[rpm]으로 회전하고 있을 때의 회전자 기전력의 주파수[Hz]는?

① 4   ② 8

③ 12   ④ 16

13 발전기 1대로 장거리 송전선로에 송전하는 경우, 동기발전기의 자기여자현상을 방지하는 방법으로 옳지 않은 것은?

① 발전기 2대 또는 3대를 병렬로 모선에 접속

② 수전단에 동기조상기 접속

③ 단락비가 작은 발전기로 충전

④ 수전단에 리액턴스를 병렬로 접속

---

10 전류분담비 $\dfrac{I_A}{I_B} = \dfrac{P_A[KVA]}{P_B[KVA]} \cdot \dfrac{\%Z_B}{\%Z_A}$ 이므로 분담전류는 누설임피던스(퍼센트 임피던스)에 반비례한다.

11 발전기 병렬운전 조건 … 2대 이상의 발전기를 병렬 운전하는 경우 다음 조건이 만족되어야 한다.
  ㉠ 기전력의 크기가 같을 것(기전력의 크기가 다를 경우 무효전류가 흐른다.)
  ㉡ 기전력의 위상이 같을 것(기전력의 위상이 다른 경우 E_1와 E_2를 동위상으로 유지하기 위한 동기화 전류가 흐른다.)
  ㉢ 기전력의 주파수가 같을 것(기전력의 주파수가 다른 경우 동기화 전류가 교대로 주기적으로 흐른다(난조의 원인).)
  ㉣ 기전력의 파형이 같을 것(기전력의 파형이 다른 경우 각 순시의 기전력의 크기가 다르기 때문에 고조파 무효순환전류가 흐른다.)
  ㉤ 상회전방향이 같을 것

12 동기속도 $N_s = \dfrac{120f}{P} = \dfrac{120 \times 60}{6} = 1200[rpm]$

슬립 $s = \dfrac{1200 - 960}{1200} \times 100 = 20[\%]$

회전자 주파수 $f_2 = sf_1 = 0.2 \times 60 = 12[Hz]$

13 자기여자현상 … 발전기에 여자전류가 공급되지 않더라도 발전기와 연결된 송전선로의 충전전류의 영향으로 발전기에 전압이 발생하거나 발전기 전압이 이상하게 상승하는 현상
  ※ 자기여자현상 방지법
    ㉠ 1대의 발전기로 송전선로를 충전할 경우, 자기여자를 일으키지 않으려면 단락비가 큰 발전기로 충전해야 한다.(발전기의 정격용량이 충전용량과 같을 때 단락비의 값은 1.72 이상이 되어야 한다.)
    ㉡ 발전기 2대 또는 3대를 병렬로 모선에 접속한다.
    ㉢ 수전단에 동기조상기를 접속한다.
    ㉣ 수전단에 리액턴스를 병렬로 접속한다.
    ㉤ 충전전압을 낮게 하여 충전한다.
    ㉥ 발전기와 직렬 또는 병렬로 리액턴스를 넣는다.

정답 및 해설 10.④ 11.② 12.③ 13.③

14 4극 60[Hz]인 권선형 유도전동기의 전부하 회전자가 1,620[rpm]의 속도로 회전하고 있다. 2차 회로의 저항을 4배로 하면 회전속도는 몇 [rpm]이 되는가?

① 900 ② 1,080

③ 1,260 ④ 1,440

15 단상 유도전동기는 자체기동이 불가하다. 자체기동을 위하여 돌극구조를 가지는 고정자의 자극 부분에 홈을 파서 도체를 감아 기동토크를 발생시키는 전동기는?

① 커패시터기동형 단상 유도전동기
② 분상기동형 단상 유도전동기
③ 반발유도형 단상 유도전동기
④ 셰이딩코일형 단상 유도전동기

16 정격운전 중인 변압기에 단락사고가 발생하여 정격전류의 40배의 크기인 단락전류가 흐르고 있다. 이 때의 발전기의 임피던스 강하는?

① 2.5[%] ② 5.0[%]

③ 7.5[%] ④ 10.0[%]

17 다음 중 양방향성 3단자 사이리스터는 어느 것인가?

① SSS ② SCS

③ GTO ④ TRIAC

14 부하토크가 일정하다고 하면 2차 저항을 증가시키면 슬립이 증가하게 된다. (비례추이특성)

$\frac{4R}{S'} = \frac{R}{S}$ 이므로 $S' = 4S$가 되고 S = (1800−1620)/1800 = 180/1800 = 0.1이므로 s' = 0.4가 된다. 그러므로 전동기 속도는 1800−(1800×0.4) = 1080[rpm]이 된다.

15 ① 커패시터기동형 단상 유도전동기 : 분상기동형 전동기와 유사하나 기동토크의 증대를 목적으로 콘덴서를 기동권선과 직렬로 연결한 점이 다르다. 기동토크가 크고 기동전류가 작으며 펌프나 에어컨, 냉장고 등에서 사용된다.

② 분상기동형 단상 유도전동기 : 고정자에 보조권선을 더하여 주권선과 5상권선을 형성한 것으로, 보조권선에 콘덴서를 직렬로 넣은 것을 콘덴서 분상형이라고 한다. 회전자에 원심력으로 작동하는 스위치를 두고, 이것을 보조권선에 넣어 둔다. 회전속도가 정상속도의 80% 정도로 되면 스위치가 끊어져서 주권선만으로 회전을 계속하는데, 이것을 저항분상형이라고 한다. 또, 스위치를 없애고 보조권선과 콘덴서가 통전된 상태에서 운전을 계속하는 방식도 있는데, 이것을 콘덴서 런형(型)이라고 한다.

③ 반발유도형 단상 유도전동기 : 고정측은 주권선뿐이고, 회전측은 직류기처럼 정류자가 있어 그 위에 둔 2개의 브러시를 단락하고 있다. 브러시의 위치를 가감함으로써 큰 시동 토크를 얻을 수 있다. 즉, 시동 시에는 다른 종류의 전동기로서 동작하는데, 가속 후에는 원심력 스위치로 정류자를 단락하여, 다상의 회전자 권선으로 바뀌어 유도전동기로서 작동한다.

④ 세이딩코일형 단상 유도전동기 : 각각의 고정자 자극의 한쪽 끝에 홈을 파서 돌출극을 만들고 이 돌출극에 세이딩코일이라 부르는 구리단락고리를 끼운 것이다. 운전 중에도 세이딩 코일에 전류가 계속 흐르므로 효율과 역률이 작으며 기동코트도 작다. 수 W의 소형에 많이 사용되는 방식으로, 고정측에 주권선 외에 세이딩코일을 놓고, 이것으로 시동 토크를 얻는 것이다.

16 단락전류 $I_s = \frac{100}{\%Z} I_n = 40 I_n \, [A]$ 이므로 $\%Z = 2.5[\%]$

17 ① SSS : 양방향성 2단자 사이리스터
② SCS : 단일방향성 4단자 사이리스터
③ GTO : 단일방향성 3단자 사이리스터
④ TRIAC : 양방향성 3단자 사이리스터

정답 및 해설 14.② 15.④ 16.① 17.④

18 3상 유도전동기에서 2차 저항을 2배로 하면 최대 토크는 몇 배가 되는가?

① 4배

② 2배

③ 1배

④ 0.5배

19 회전 중인 유도전동기의 제동방법 중 동기속도 이상으로 회전시켜 유도발전기로서 제동시키는 제동법은?

① 회생제동(regenerative braking)

② 발전제동(dynamic braking)

③ 유도제동(induction braking)

④ 단상제동(single - phase braking)

20 SCR을 이용한 인버터 회로에서 SCR이 도통 상태에 있을 때 부하전류가 10[A] 흘렀다. 게이트 동작 범위 내에서 게이트 전류를 1/2로 감소시키면 부하전류는 몇 [A]가 흐르는가?

① 5

② 10

③ 20

④ 40

18 3상 유도전동기에서 2차측 저항을 2배로 하면 슬립은 2배로 변하지만 최대 토크는 2차 저항과는 관계없이 일정하다.

19 제동법의 종류
  ㉠ **발전제동** : 전기자를 전원과 분리한 후 이를 외부저항에 접속하여 전동기의 운동에너지를 열에너지로 소비시켜 제동한다.
  ㉡ **회생제동** : 운전 중인 전동기를 발전기로 하여 이 때 발생한 전력을 전원으로 반환하여 제동하는 방식이다. 운전 중인 전동기의 전원을 끄면 전동기는 발전을 하게 되는데 이때 발생한 전력을 다시 회생시켜 선로에 공급하는 제동방식을 말한다.
  ㉢ **역전제동** : 운전 중에 전동기의 전기자를 반대로 전환하면 자속은 그대로이고 전기자 전류가 반대로 되므로 회전과 역방향의 토크가 발생하여 제동하는 방식이다.
  ㉣ **단상제동** : 권선형 유도전동기의 1차측을 단상교류로 여자하고 2차측에 적당한 크기의 저항을 넣으면 전동기의 회전과는 역방향의 토크가 발생되어 제동된다.
  ㉤ **유도제동** : 유도전동기의 역상제동의 상태를 크레인이나 권상기의 강하 시에 이용하고, 속도제한의 목적에 사용되는 경우의 제동방식이다.

20 SCR게이트 전류는 부하전류의 크기를 조절할 수 없으며 단지 온오프만 할 수 있다. 그러므로 부하전류는 그대로 10[A]이다.

정답 및 해설 18.③ 19.① 20.②

1 돌극형 동기발전기의 직축(direct axis)과 횡축(quadrature axis)에 대한 설명으로 옳지 않은 것은?

① 횡축은 계자권선의 자속축과 전기각으로 $90°$ 차이가 있다.

② 횡축방향의 공극길이가 직축방향의 공극길이보다 길다.

③ 횡축 동기 리액턴스가 직축 동기 리액턴스보다 크다.

④ 횡축 동기 리액턴스는 횡축 자화 리액턴스와 전기자 누설 리액턴스의 합이다.

2 원동기를 사용하는 효율 0.9인 동기발전기가 900[kVA], 역률 0.81의 부하에 전류를 공급하고 있을 때, 이 원동기의 입력[kW]은? (단, 원동기의 효율은 0.81이다)

① 1,000

② 900

③ 810

④ 730

3 직류전동기에 대한 설명으로 옳지 않은 것은?

① 분권 직류전동기는 단자전압 및 계자전류가 일정하고 전기자 반작용을 무시할 때, 속도─토크 특성이 선형적으로 변한다.

② 타여자 직류전동기의 속도는 계자 전류, 전기자 전압, 전기자 저항을 변화시킴으로써 조절할 수 있다.

③ 직권 직류전동기는 직류전동기 중에서 가장 작은 기동 토크를 가진다.

④ 가동 복권 직류전동기는 직권과 분권의 결합 형태로서 각각의 장점들을 포함하고 있다.

4 Y결선, 선간전압 1,200[V], 주파수 50[Hz]의 6극 3상 동기발전기가 있다. 이 발전기의 주파수가 60[Hz]일 때, 선간전압[V]은? (단, 계자전류는 5[A]로 일정하다)

① 1,000

② 1,200

③ 1,440

④ 1,728

---

1 돌극형은 철극형이라고도 하며 길게 되어 있어서 상대적으로 관성력이 있다. 이러한 이유로 수차와 같은 저속발전기에 주로 사용된다. 즉, 저속에 대용량특성, 수차발전기 공극이 상대적으로 넓어 단락비가 크게 되며 최대출력부하각이 60° 정도가 된다. 돌극형 동기발전기에서는 직축동기리액턴스 > 횡축동기리액턴스가 성립한다.
(참고로, 원통형은 비돌극형이라고도 하며 돌극형보다 빠르게 돌며 주로 터빈발전기에 사용된다. 터빈발전기는 공극이 좁아 상대적으로 단락비가 작으며 최대출력부하각이 90°이며 '직축리액턴스 = 횡축리액턴스'가 성립한다.)

2 발전기의 입력 : $\dfrac{900 \times 0.81}{0.9} = 810[kW]$

이것은 원동기의 출력값이므로 효율이 0.81인 원동기의 입력은

$\dfrac{\text{발전기의 입력}}{0.81} = \dfrac{810}{0.81} = 1000[kW]$

3 직류전동기 중에서 기동 토크가 가장 큰 전동기는 직권 직류전동기이다. 직권 > 가동 복권 > 분권 > 차동 복권 순으로 토크가 크다.

4 $N_s = \dfrac{120f}{p}$ 이므로

주파수가 50Hz일 때, $N_s = \dfrac{120 \cdot 50}{6} = 1000[rpm]$

주파수가 60Hz일 때, $N_s = \dfrac{120 \cdot 60}{6} = 1200[rpm]$

$T = 9.55 \times \dfrac{P}{N} = 9.55 \times \dfrac{VI}{N}$

T가 일정하다면 $9.55 \times \dfrac{V_1 \cdot I_1}{1000} = 9.55 \times \dfrac{V_2 \cdot I_2}{1200}$

$I_1 = 5[A]$, $V_1 = 1200[V]$이므로

$1200 \cdot 5/1000 = V_2 \cdot 5/1200$이므로 $V_2 = 1440[V]$

정답 및 해설 1.③ 2.① 3.③ 4.③

5 분권 직류발전기에 대한 설명으로 옳지 않은 것은?

① 잔류자속에 의하여 전압을 확립한다.

② 부하전류가 증가하면 타여자 직류발전기보다 전압강하가 커진다.

③ 단자전압이 내려가면 계자전류가 증가한다.

④ 계자저항을 증가시키면 유기기전력은 감소한다.

6 4극, 7.5[kW], 60[Hz]의 3상 유도전동기가 있다. 전부하로 운전 시에 전동기의 회전속도가 1,692[rpm]이라고 할 때, 2차 입력[W]은? (단, 전동기의 기계손은 무시한다)

① 6,679

② 7,500

③ 7,769

④ 7,979

7 3상 유도전동기의 비례추이에 대한 설명으로 옳지 않은 것은?

① 권선형 유도전동기에 있어서 2차 회로의 저항을 변화시킨다.

② 속도-토크 특성에서 최대토크는 증가하지 않는다.

③ 비례추이를 이용하여 기동전류를 감소시킬 수 있다.

④ 비례추이를 이용하여 출력과 효율을 증가시킬 수 있다.

8 자기회로와 전기회로의 유사성을 비교한 것 중 옳지 않은 것은?

	자기회로	전기회로
①	자속(flux)	전류(current)
②	기자력(mmf)	기전력(emf)
③	자기 저항(magnetic reluctance)	전기 저항(electric resistance)
④	퍼미언스(permeance)	서셉턴스(susceptance)

5 분권직류발전기에서 유기기전력이 감소하면 단자전압이 감소한다. 계자전류가 증가하면 자속이 증가하므로 유기기전력은 증가하고 따라서 단자전압도 증가한다.

발전기 유기기전력 $E = V + I_a r_a [V]$, $V = I_f r_f [V]$

6
$$P_o = P_2 - P_{r2} = P_2 - sP_2 = (1-s)P_2 = \frac{N}{N_s}$$

$$N_s = \frac{120f}{p} = \frac{120 \times 60}{4} = 1,800 [rpm]$$

2차 출력 $P_2 = \frac{N_2}{N} P_o = \frac{1800}{1692} \times 7.5 \times 10^3 = 7979 [W]$

7 비례추이란 회전자 회로의 저항과 회전자 슬립의 비율을 일정하게 유지하면 토크의 값도 일정하게 유지된다는 이론이다. 출력, 효율, 2차 동선 등은 비례추이를 적용할 수 없다.

8 자기회로의 퍼미언스는 전기회로의 컨덕턴스가 대응된다.
ⓐ **컨덕턴스**(conductance) : 전기회로에서 회로 저항의 역수로서 어드미턴스 Y=G−jB의 실수부 G를 말한다. 여기서 B는 서셉턴스, j는 허수단위이다.
ⓑ **퍼미언스**(permeance) : 자기회로에서 자속의 통과하기 쉬움을 나타내는 양으로서 자기저항(Reluctance)의 역수이다.
ⓒ **서셉턴스**(susceptance) : 전기회로에서 그 회로의 어드미턴스(임피던스의 역수)의 허수부이다.

9 정격출력이 4.8[kW], 1,250[rpm]인 분권 직류발전기가 있다. 이 발전기의 전기자 저항이 0.2[Ω], 계자전류가 2[A]라고 할 때, 전부하 효율[%]은? (단, 단자전압은 100[V], 철손 및 기계손의 합은 500[W]이다. 브러시의 전기손 및 표류부하손은 무시한다)

① 75.0   ② 77.5

③ 80.0   ④ 82.7

10 변압기에 연결된 부하가 증가하면 일어나는 현상으로 옳지 않은 것은?

① 동손이 증가한다.

② 온도가 상승한다.

③ 철손은 거의 변화가 없다.

④ 여자전류는 감소한다.

11 강압초퍼 회로에 인가된 전압이 400[V]이고, 스위칭 주파수가 2[kHz]로 동작할 때, 출력 전압은 300[V]이다. 이 때, 스위치가 온(ON)된 시간[ms]은?

① 0.325   ② 0.375

③ 0.425   ④ 0.475

9 계자전류 $I_f = 2[A]$

계자저항 $R_f = \dfrac{V_f}{I_f} = \dfrac{V}{I_f} = \dfrac{100}{2} = 50[\Omega]$

부하전류 $I = \dfrac{P}{V} = \dfrac{4800}{100} = 48[A]$

전기자전류 $I_a = I_f + I = 2 + 48 = 50[A]$

$\eta = \dfrac{출력}{출력 + 철손 + 기계손 + 동손} \times 100$

$\eta = \dfrac{4800}{4800 + 500 + (I_f^2 R_f + I_a^2 R_a)} \times 100$

$\eta = \dfrac{4800}{4800 + 500 + (2^2 \cdot 50 + 50^2 \cdot 0.2)} \times 100 = 80[\%]$

10 부하가 증가하게 되면 부하손이 증가하고 온도가 상승하게 되나 여자전류는 감소하지 않는다. (여자전류는 무시한다.)

11 강압초퍼의 경우 출력전압은 듀티비에 비례한다.

$300 = 400D$이므로 $D = 3/4$가 되고 스위치가 ON된 시간은 $\dfrac{1}{2000} \cdot \dfrac{3}{4} = 0.375ms$가 된다.

듀티비 $= \dfrac{스위치 온상태}{주기} = \dfrac{t_{on}}{T}$

주기 $T = \dfrac{1}{f} = \dfrac{1}{2 \times 10^3}[Hz]$

평균출력전압 $V_{av} = DV_i = \dfrac{t_{on}}{T} V_i$

$300 = \dfrac{t_{on}}{\dfrac{1}{2 \times 10^3}} \cdot 400$이므로 $t_{on} = 0.375[ms]$

정답 및 해설 9.③ 10.④ 11.②

12 단상 유도전동기의 기동방식에 따른 종류에 해당하지 않는 것은?

① 분상 기동형 단상 유도전동기

② 커패시터 기동형 단상 유도전동기

③ 셰이딩 코일형 단상 유도전동기

④ 제동권선 기동형 단상 유도전동기

12 제동권선 기동형 단상 유도전동기는 단상 유도전동기의 기동방식에 따른 종류에 해당되지 않는다.

※ 단상 유도전동기의 기동방법에 따른 분류

　㉠ 셰이딩 코일형
　　• 셰이딩 코일형은 자극의 일부를 나누어 여기에 코일을 감은 것이다.
　　• 1차 권선에 전압이 가해지면 자극철심 내의 교번자속에 의해 셰이딩코일에 단락전류가 흐르게 되는데 이 전류는 한쪽 부분의 자속을 방해하도록 작용하기 때문에 한쪽 부분의 자속은 다른 부분의 자속보다 시간적으로 늦어져서 이동자계가 형성된다.
　　• 수십 와트 이하의 소형전동기에 사용된다.

　㉡ 분상 기동형
　　• 분상 기동형은 권선을 주권선과 기동권선으로 나누어 기동 시에만 기동권선이 연결되도록 한 것이다.
　　• 전압이 가해지면 리액턴스가 큰 주권선에 흐르는 전류는 리액턴스가 작은 기동권선에 흐르는 전류보다 위상이 뒤지게 되므로 이동자계가 형성되어 회전자는 이 이동자계에 의해서 회전을 시작한다.
　　• 회전속도가 정격속도의 약 75% 정도에 달하면 원심력 스위치에 의해서 기동권선은 분리된다.
　　• 분상기동형 유도전동기는 팬, 송풍기 등에 사용되고 1/2 마력까지의 정격에 쓸 수 있다.

　㉢ 콘덴서 기동형
　　• 기동권선 회로에 직렬로 콘덴서를 연결해서 주권선의 지상전류와 콘덴서의 진상전류로 인해 두 전류 사이의 상차각이 커져서 분상 기동형보다 더 큰 기동토크를 얻을 수 있도록 한 것이다.
　　• 콘덴서 기동형 전동기는 다른 단상 유도전동기에 비해서 효율과 역률이 좋고 진동과 소음도 적기 때문에 운전상태가 양호하다.
　　• 정격은 일반으로 1마력 정도가 많이 쓰이나 크게는 10마력까지도 사용된다.

　㉣ 콘덴서 기동 콘덴서형
　　• 이는 기동방식은 콘덴서 기동형과 동일하나 기동용 콘덴서(A)와 운전용 콘덴서(B)를 사용한다는 점이 다르다.
　　• 기동할 때는 A와 B가 동시에 병렬로 투입되어 큰 정전용량으로 기동하고 기동이 끝나면 B는 원심력 스위치에 의해서 분리되나 B는 그냥 남아서 전동기의 역률을 개선한다.
　　• 단상 유도전동기는 토크의 순시값이 맥동하여 진동 및 소음이 생기기 쉬우나 콘덴서 기동 전동기는 거의 원형에 가까운 회전자계가 생기므로 소음, 진동측면에서 운전상태가 매우 양호하다.
　　• 일반적으로 기동용 콘덴서는 전해콘덴서를 사용하고 운전용은 유입 콘덴서를 사용한다.

　㉤ 반발 기동형
　　• 반발 기동형 단상 유도전동기는 고정자에는 단상의 주권선이 감겨져 있고 회전자는 직류 전동기의 전기자와 거의 같은 권선과 정류자로 되어 있다.
　　• 브러쉬는 고정자 권선의 축과 각 φ 만큼 위치해 있고 해당 회전자 권선을 단락시킨다.
　　• 고정자가 여자되면 단락된 회전자 권선에 전압이 유기되고 이 전압에 의해 전류가 흐르고 이 전류에 의해 자계가 형성되어 고정자 권선이 만드는 자계와 상호작용으로 반발력이 발생한다.
　　• 반발전동기의 기동 토크는 브러쉬의 위치를 적당히 하면 대단히 커지는데 보통 전부하 토크의 400~500% 정도이다.

정답 및 해설 12.④

13 다음 그림의 회로에서 부하전류 i_o는 10[A]이고 연속 전류이다. 입력 전압은 $v_s = 120\sin(120\pi t)$[V]일 때, 출력 전압 v_o와 입력 전류 i_s의 파형으로 옳은 것은? (단, 다이오드는 이상적이며, L은 충분히 커서 부하전류의 리플 성분을 무시할 수 있다)

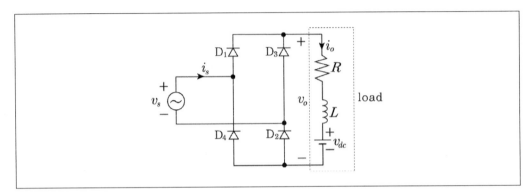

①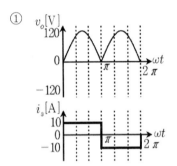

②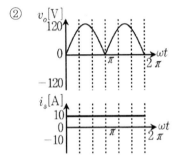

③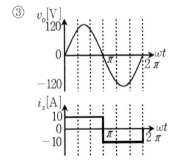

④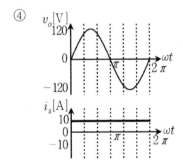

14 Boost 컨버터로 속도 제어를 할 수 있는 전동기는?

① 직권 직류전동기
② 유도전동기
③ 3상 동기전동기
④ 동기 릴럭턴스전동기

15 계기용 변류기(CT)와 계기용 변압기(PT)의 2차측에 연결된 계기를 교체하려고 할 때, 옳은 것은?

① CT는 2차측을 단락해야 하고, PT는 2차측을 단락해야 한다.
② CT는 2차측을 단락해야 하고, PT는 2차측을 개방해야 한다.
③ CT는 2차측을 개방해야 하고, PT는 2차측을 단락해야 한다.
④ CT는 2차측을 개방해야 하고, PT는 2차측을 개방해야 한다.

---

13 • 유도성 부하를 갖는 단상의 전파정류회로이다.
　• $0 \leq wt \leq \pi$인 경우 다이오드 D_1과 D_4가 도통이 되고 $\pi \leq wt \leq 2\pi$ 동안에는 D_2과 D_3가 도통이 된다.
　• 출력전압의 파형은 저항만의 부하를 갖는 전파정류회로의 출력전압의 파형과 같다.

14 주어진 보기 중 Boost 컨버터로 속도제어를 할 수 있는 전동기는 직권 직류전동기이다.
　※ **Boost 컨버터** … 전압을 승압하는 회로이다. 직권직류 전동기의 속도를 제어하기 위하여 가장 많이 사용하는 방법이 전압 제어법으로 직류전압을 가변시키기 위하여 전압을 변성시켜줄 수 있는 장치가 필요하다. 이렇게 공급된 직류전원으로부터 제어 가능한 직류원으로 변화시켜주는 장치를 초퍼(chopper)라 한다. 초퍼의 종류는 전압을 승압시키는 승압 컨버터(boost converter)와 전압을 강압시키는 강압 컨버터(buck converter), 강압과 승압을 모두 시킬 수 있는 강압-승압 컨버터(buck-boost converter) 등이 있다.

15 PT와 CT는 변압기의 일종으로서 계기용 변성기라고 한다.
　즉, 계측용으로서 1차측의 고압을 2차측에서 저압으로 다운시켜 계측용으로 활용하기 위한 전기기기이다.
　CT는 전류를 변하게 하는 변류기이고 PT는 전압을 변하게 하는 변압기이다. 변류기인 CT는 2차측을 개방하게 되면 그 두 단자 사이에 큰 과전압이 걸리게 되서 위험하게 되며 PT는 2차측을 단락하면 두 단자 사이에 큰 단락전류가 흘러서 위험하게 된다.
　따라서, 계기용 변류기(CT)와 계기용 변압기(PT)의 2차측에 연결된 계기를 교체하려고 할 때 CT는 2차측을 단락해야 하고, PT는 2차측을 개방해야 한다.

정답 및 해설 13.① 14.① 15.②

16 정격 용량 100[kVA]의 변압기가 있다. 이 변압기의 전부하 동손은 2[kW]이고, 철손이 1[kW]일 때, 역률 0.8이고 부하율 $\frac{1}{2}$인 부하의 효율[%]은?

① 80

② 86

③ 90

④ 96

17 직권 직류전동기를 단상 직권 정류자 전동기로 사용하기 위하여 교류를 인가하였을 때, 옳지 않은 것은?

① 효율이 나빠진다.

② 계자권선이 필요 없다.

③ 정류가 불량하다.

④ 역률이 떨어진다.

18 스테핑모터에 대한 설명으로 옳지 않은 것은?

① 양방향 회전이 가능하다.

② 위치, 속도 및 방향제어에 사용될 수 있다.

③ 스텝각이 작을수록 1회전당 스텝수는 적어진다.

④ 전기적 신호에 의해 특정 각 변위를 회전할 수 있다.

19 1차 전압 6,600[V], 2차 전압 220[V], 주파수 60[Hz]의 단상변압기가 있다. 다음 그림과 같이 결선하고 1차측에 120[V]의 전압을 인가하였을 때, 전압계의 지시값[V]은?

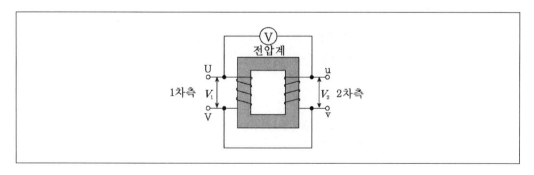

① 100

② 116

③ 120

④ 124

20 부하전류가 40[A]일 때, 1,800[rpm]으로 20[kg · m]의 토크를 발생하는 직권 직류전동기가 있다. 이 전동기의 부하를 감소시켜 부하전류가 20[A]일 때, 토크[kg · m]는? (단, 자기회로는 불포화상태이다.)

① 5

② 10

③ 20

④ 40

---

16 $\dfrac{1}{m}$ 부하시 부하효율 $\eta_{\frac{1}{m}} = \dfrac{출력}{출력 + 전손실} \times 100[\%]$

출력 : $\dfrac{1}{m} P cos\theta$, 전손실 : $P_i + (\dfrac{1}{m})^2 P_c$

(P_i는 철손, P_c는 동손, P는 정격용량)

부하효율 $= \dfrac{\dfrac{1}{2} \cdot 100 \cdot 0.8}{\dfrac{1}{2} \cdot 100 \cdot 0.8 + 1 + (\dfrac{1}{2})^2 \cdot 2} \times 100[\%] = 96.39[\%]$

17 직류용의 직권전동기를 그대로 교류에 사용하면 역률과 효율이 모두 나쁘고 토크는 약해져 정류는 불량하게 된다. 그러므로 다음과 같은 대책을 적용해서 좋은 특성을 갖도록 하고 있다.
 – 전기자나 계자권선의 리액턴스 강하 때문에 역률이 대단히 낮아지므로 계자권선의 권수를 적게 하여 계자속을 적게 한다. 그리고 토크의 감소를 보충하기 위해 전기자 권선수를 크게 하면 전기자 반작용이 커지므로 보상권선을 설치한다.
 정류자 전동기의 구조는 직류 전동기의 구조와 같으므로 계자권선이 있다.

18 스테핑모터는 스텝(step) 상태의 펄스(pulse)에 순서를 부여함으로써 주어진 펄스 수에 비례한 각도 만큼 회전하는 모터이다. 스텝각이 작을수록 1회전당 스텝의 수는 커지게 된다.

19 $6600 : 220 = 120 : x$ 이므로 $x = 4[V]$ 이며, 여기서, 1차측이 120[V]이고 2차측이 4[V]이면 전압계의 전압차는 116[V]가 된다. 그림에서 결선이 감극성이므로 120-4 = 116[V]

20 $T = K\phi I_n = K I_n^2$ $(I_n = I_f = \phi)$

토크는 전류의 제곱에 비례하므로 전류가 $\dfrac{1}{2}$ 배로 감소하면 토크는 $\dfrac{1}{4}$ 로 감소한다.

정답 및 해설 16.④ 17.② 18.③ 19.② 20.①

1 보극이 없는 직류전동기의 브러시 위치를 무부하 중성점으로부터 이동시키는 이유와 이동 방향은?

① 정류작용이 잘 되게 하기 위하여 전동기 회전 방향으로 브러시를 이동한다.

② 정류작용이 잘 되게 하기 위하여 전동기 회전 반대 방향으로 브러시를 이동한다.

③ 유기기전력을 증가시키기 위하여 전동기 회전 방향으로 브러시를 이동한다.

④ 유기기전력을 증가시키기 위하여 전동기 회전 반대 방향으로 브러시를 이동한다.

2 직류기 손실 중 기계손이 아닌 것은?

① 베어링손

② 와전류손

③ 브러시 마찰손

④ 풍손

3 무부하로 회전하고 있는 3상 동기전동기를 과여자로 운전하는 경우에 발생하는 현상으로 옳은 것은? (단, 전동기의 손실은 무시한다.)

① 증자작용이 일어난다.

② 공급전압보다 위상이 90° 앞선 전류가 흐른다.

③ 탈조가 발생한다.

④ 유효전력이 증가한다.

---

1 보극이 없는 직류전동기의 브러시 위치를 무부하 중성점으로부터 이동시키는 이유는 정류작용이 잘 되게 하기 위해서이며, 전동기 회전 반대 방향으로 브러시를 이동한다.

2 와전류손은 무부하손실(고정손) 중 철손에 속한다. (기계손에 속하지 않는다.)
 ※ **와전류손** … 자성체 중에서 자속이 변화하면 기전력이 발생하고 이 기전력에 의해 자성체 중에 소용돌이 모양의 전류가 흐르는데 이것을 와전류라 하며, 이 전류에 의한 전력손실이다.

3 무부하로 회전하는 3상 동기전동기는 조상설비를 말하며 전력계통에 역률을 개선하고 안정도를 높이기 위한 시설이다.
 전동기를 과여자시키면 콘덴서로 작용하여 동급 전압보다 위상이 90° 앞선 진상전류를 흘려 전압강하를 방지하고 역률을 높게 하는 역할을 한다. 마찬가지로 부족여자를 시키면 유도성 리액턴스로 작용해서 페란티현상을 방지하는 역할을 한다.
 ① 동기전동기는 앞선 전류일 때 감자작용, 뒤진 전류일 때 증자작용이 발생한다. 과여자로 운전 시에는 앞선 전류가 발생하여 감자작용이 발생하게 된다.
 ③ 과여자 시에는 탈조와 관련이 없다. (탈조작용은 저여자일 경우에만 발생한다.)
 ④ 여자전류는 유효전력과는 관련이 없다.
 ※ 동기전동기의 전기자 반작용은 다음과 같다.
 • 전류와 전압이 동상인 경우 교차자화작용이 발생한다.
 • 전류가 전압보다 $\pi/2$ 뒤지는 경우 증자작용이 발생한다.
 • 전류가 전압보다 $\pi/2$ 앞서는 경우 감자작용이 발생한다.

정답 및 해설 1.② 2.② 3.②

4 변압기에 대한 설명으로 옳지 않은 것은?

① 전압변동률은 누설 리액턴스와 권선 저항에 의해 영향을 받으며, 일반적으로 클수록 좋다.

② 변압기의 동손은 전류의 제곱에 비례하고, 철손은 전압의 제곱에 거의 비례한다.

③ 자화 전류는 인가된 전압과 $90°$ 위상차를 가지고, 철손 전류는 인가된 전압과 동상이다.

④ 철심의 저항률을 높이고 적층된 철심을 사용하면 와전류손을 줄일 수 있다.

5 다음 ㉠, ㉡, ㉢에 들어갈 용어를 바르게 나열한 것은?

> 변압기의 무부하 전류를 (㉠) 전류라 한다. 이 무부하 전류는 변압기 철심에 자속을 생성하는 데 사용되는 (㉡) 전류와 히스테리시스 손실과 와전류 손실에 사용되는 (㉢) 전류의 합이다.

	㉠	㉡	㉢
①	자화	여자	철손
②	여자	자화	철손
③	자화	철손	동손
④	동손	자화	철손

6 85[%] 부하에서 최대 효율을 가지는 직류발전기가 전부하로 운전될 때, 고정손과 부하손의 비율은?

	고정손 : 부하손			고정손 : 부하손
①	1.19 : 1		②	1 : 1
③	0.81 : 1		④	0.72 : 1

7 10,000[kVA], 8,000[V]의 Y결선 3상 동기발전기가 있다. 1상의 동기 임피던스가 4[Ω]이면 이 발전기의 단락비는?

① 1.2

② 1.4

③ 1.6

④ 1.8

---

4 전압변동률은 일반적으로 작을수록 좋다. (단, 지나칠 정도로 작게 되면 임피던스가 작아지므로 비경제적일 수 있다.)

※ 전압변동률 $\delta = \dfrac{\text{무부하시 단자전압} - \text{전부하시 단자전압}}{\text{전부하시 단자전압}} \times 100$

5 변압기의 무부하 전류를 여자 전류라 한다. 이 무부하 전류는 변압기 철심에 자속을 생성하는 데 사용되는 자화 전류와 히스테리시스 손실과 와전류 손실에 사용되는 철손 전류의 합이다.

무부하전류 $I_o = I_i + jI_\varnothing\ [A]$ (I_i: 철손전류, $I_\varnothing$: 자화전류)

6 발전기가 최대의 효율이기 위해서는 고정손과 부하손이 동일한 값을 가져야 한다.

고정손(무부하손)은 말 그대로 일정한 것이고, 부하손은 부하에 따라 변동하는 손실이다.

전부하로 운전하는 경우 부하손은 출력의 제곱에 비례하게 된다.

85[%]의 부하에서 최대효율을 가지므로, 부하손을 a, 고정손을 b라고 한다면 $aI^2 = b$가 성립해야 하며 부하전류가 85[%]이므로 전부하로 운전될 경우 부하손에 대한 고정손은

$\dfrac{b}{a} = I^2 = 0.85^2 \fallingdotseq 0.72$가 성립한다.

7 단락전류 $I_s = \dfrac{E}{\sqrt{3}\,Z_s} = \dfrac{8000}{\sqrt{3}\cdot 4}$

정격전류 $I_n = \dfrac{P}{\sqrt{3}\,V} = \dfrac{10000 \times 10^3}{\sqrt{3} \times 8000}$

단락비 $K_s = \dfrac{\text{단락전류}}{\text{정격전류}} = 1.6$

정답 및 해설 4.① 5.② 6.④ 7.③

8 20극인 권선형 유도전동기를 60[Hz]의 전원에 접속하고 전부하로 운전할 때, 2차 회로의 주파수가 6[Hz]이다. 이때 2차 동손이 600[W]라면 기계적 출력[kW]은?

① 3.4
② 4.4
③ 5.4
④ 6.4

9 내부 임피던스가 8[Ω]인 앰프에 32[Ω]의 임피던스를 가진 스피커를 연결할 때 임피던스 정합용 변압기를 사용하여 최대전력을 전달하고자 한다. 이 정합용 변압기의 앰프 측 권선수가 200이라면 스피커 측 권선수는?

① 50
② 100
③ 200
④ 400

10 그림과 같은 부하 특성을 갖는 팬을 전동기로 운전하고 있다. 부하의 속도가 현재 속도보다 2배 빨라진 경우, 부하를 운전하는 데 요구되는 전동기의 전력은? (단, 전동기의 손실은 무시한다)

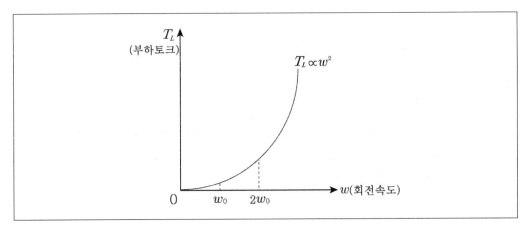

① $\frac{1}{2}$ 배가 된다.

② 동일하게 유지된다.

③ 4배가 된다.

④ 8배가 된다.

11 분권 직류전동기의 속도 특성에 대한 설명으로 옳지 않은 것은?

① 단자전압을 증가시키면 속도가 증가한다.

② 전기자 회로의 직렬저항을 감소시키면 속도가 증가한다.

③ 계자 회로의 저항을 감소시키면 속도가 증가한다.

④ 무부하 운전을 하더라도 탈주(runaway)하지 않고, 최대속도에서 안정적으로 운전된다.

---

8 $f_2 = sf_1$ 이므로 $s = \dfrac{6}{60} = 0.1$

$P_o = \left(\dfrac{1}{s} - 1\right)P_{c2} = \left(\dfrac{1}{0.1} - 1\right) \cdot 600 = 5400[W]$

9 권수비 $n = \dfrac{N_1}{N_2} = \dfrac{I_2}{I_1} = \sqrt{\dfrac{Z_1}{Z_2}}$ 이므로 $\dfrac{200}{N_2} = \sqrt{\dfrac{8}{32}}$

$N_2 = 400$이 성립한다.

10 토크를 T, 유도전동기의 출력을 P, 속도를 N이라고 할 경우,

$T = \dfrac{P}{w} = \dfrac{P}{2\pi \dfrac{N}{60}} = \dfrac{60P}{2\pi N}$ 이므로 $P = \dfrac{2\pi NT}{60}$ 가 되고,

그래프상에서는 $T \propto w^2$ 이므로 유도전동기의 출력은 $P \propto Nw^2$ 이므로 속도가 2배가 빨라지게 되면 전동기의 출력은 8배가 된다.

11 직류전동기를 기동할 때 계자저항을 최소로 하는 이유는 최대한의 시동전류를 얻기 위해서이다.

$N = k\dfrac{E}{\phi} = k\dfrac{V - I_a R_a}{\phi}[rpm]$

계자회로의 저항을 감소시키면 계자전류는 증가하고, 따라서 계자전류가 만드는 자속이 증가하기 때문에 속도는 감소한다. 따라서 전동기의 속도는 계자저항의 크기와 비례한다.

정답 및 해설 8.③ 9.④ 10.④ 11.③

12 무한모선(infinite bus)과 병렬로 연결된 동기발전기에서 유효전력분담을 늘리기 위한 방법은?

① 동기발전기의 계자전류를 증가시킨다.
② 동기발전기의 계자전류를 감소시킨다.
③ 동기발전기의 원동기 속도를 증가시킨다.
④ 동기발전기의 원동기 속도를 감소시킨다.

13 3상 권선형 유도전동기에 대한 설명으로 옳지 않은 것은?

① 높은 회전자 저항은 유도전동기의 기동 토크를 감소시킨다.
② 유도전동기에서 최대 토크가 발생하는 슬립과 속도는 회전자 저항으로 제어할 수 있다.
③ 유도전동기는 기기의 극수나 주파수 또는 단자전압을 변화시킴으로써 속도를 변화시킬 수 있다.
④ 유도전동기의 최대 토크값은 회전자 저항과는 무관하다.

14 입력 펄스 신호에 대하여 일정한 각도만큼 회전하며 회전 속도는 입력 펄스의 주파수에 비례하는 전동기는?

① 스테핑 전동기
② 타여자 직류전동기
③ 유도전동기
④ 동기전동기

15 부하전류와 입력전압이 일정하게 운전되고 있는 변압기의 주파수가 60[Hz]에서 50[Hz]로 낮아질 경우 발생하는 현상으로 옳은 것은?

① 철손 증가   ② 철손 감소
③ 동손 증가   ④ 동손 감소

16 교류전원으로부터 전력변환장치를 사용하여 교류전동기를 가변속 운전하려 한다. 이를 위해 필요한 전력변환장치의 종류와 그 연결순서가 바르게 나열된 것은?

① 　　　인버터　　　 → 다이오드 정류기
② DC/DC 컨버터 → 　　　인버터
③ 다이오드 정류기 → 　　　인버터
④ 　　　인버터　　　 → 위상제어 정류기

---

12 무한모선(infinite bus)과 병렬로 연결된 동기발전기에서 유효전력분담을 늘리기 위해서는 동기발전기의 원동기 속도를 증가시켜야 한다. 무한대모선이란 전 부하 조건하에서 전압의 크기, 위상, 주파수가 예측되고 일정하게 유지되는 전력망의 모선을 말한다. 내부 임피던스가 없고 전압의 크기와 위상이 부하의 증감에 관계없이 전혀 변하지 않으며 매우 큰 관성 상수를 가지고 있는 용량 무한대의 전원으로 표현한다.

13 권선형 유도전동기의 경우, 높은 회전자 저항은 유도전동기의 기동 토크를 증가시킨다.

14 입력 펄스 신호에 대하여 일정한 각도만큼 회전하며 회전 속도는 입력 펄스의 주파수에 비례하는 전동기는 스테핑 전동기이다.

15 부하전류와 입력전압이 일정하게 운전되고 있는 변압기의 주파수가 낮아질 경우 철손이 증가하게 된다. (자속 밀도와 주파수는 반비례 관계에 있으며, 주파수를 낮추면 자속밀도가 증가하게 되고, 자속밀도가 증가하면 철 손이 증가하게 되기 때문이다.)

16 교류전원으로부터 전력변환장치를 사용하여 교류전동기를 가변속 운전하려면 다이오드 정류기와 인버터가 필요하며 연결순서는 다이오드 정류기 → 인버터가 된다.
※ 인버터 … 직류를 교류로 변환시키는 기기

정답 및 해설 12.③ 13.① 14.① 15.① 16.③

17 다이오드 1개를 이용한 반파정류회로에 부하저항 R이 연결되어 있다. 이 때 교류 입력전압의 실횻값을 E[V]라 할 때 전류 I[A]의 평균값은? (단, 정류기의 전압 강하는 무시한다)

① $\dfrac{E}{2R}$

② $\dfrac{\sqrt{2}\,E}{\pi R}$

③ $\dfrac{\sqrt{3}\,E}{6\pi R}$

④ $\dfrac{4\sqrt{2}\,E}{\pi R}$

18 다음 회로에서 교류전압 V_0의 파형이 보기와 같을 때, 저항 R에서 측정되는 전압 V_R의 파형은?

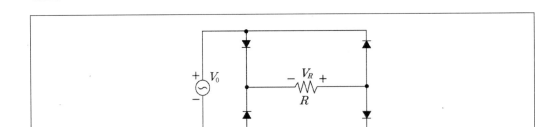

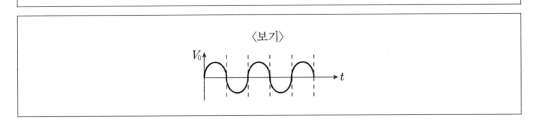

〈보기〉

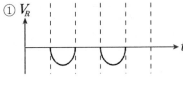

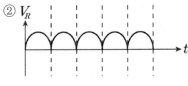

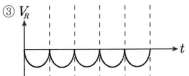

17 단상 전파 정류회로를 그리면 다음과 같다.

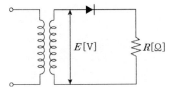

단상 반파 정류회로의 직류전압은 $E_d = \dfrac{\sqrt{2}}{\pi}E$ 이고 직류전류는 $I_d = \dfrac{E_d}{R}$ 이므로

직류전류의 평균값은

$$I_d = \frac{E_d}{R} = \frac{\dfrac{\sqrt{2}}{\pi}E}{R} = \frac{\sqrt{2}\,E}{\pi R}\,[\text{A}]$$

18 주어진 조건에서 저항 R에서 측정되는 전압은 ③번과 같은 파형을 형성한다.

19 3상 460[V], 100[kW], 60[Hz], 4극 유도전동기가 0.05의 슬립으로 운전되고 있다. 회전자 및 고정자에 대한 회전자 자계의 상대속도[rpm]는?

	회전자에 대한 회전자 자계의 상대속도	고정자에 대한 회전자 자계의 상대속도
①	90	1,800
②	0	1,800
③	90	0
④	1,710	0

20 4극, 60[Hz]인 3상 유도전동기가 1,750[rpm]으로 회전하고 있을 때, 전원의 a상, b상, c상 중에서 a상과 c상을 서로 바꾸어 접속하면 이때의 슬립은?

① 0.028   ② 1.028

③ 1.972   ④ 2.029

19 유도전동기의 회전자 자계는 동기속도이다. 따라서 고정자에 대해서는 동기속도이고, 회전자는 슬립을 감안한 회전속도가 된다.

고정자에 대한 회전자 자계의 상대속도 $N_s = \dfrac{120f}{p} = \dfrac{120 \cdot 60}{4} = 1800[rpm]$

회전자에 대한 회전자계의 상대속도 $sN_s = 0.05 \cdot 1800 = 90[rpm]$

20 3상에서 2단자를 바꾸어 접속했으므로 역상이 걸려서 역회전하게 된다. 이때의 동기속도와 슬립은

동기속도 $N_s = \dfrac{120f}{p} = \dfrac{120 \times 60}{4} = 1800[rpm]$

슬립 $s = \dfrac{1800 - (-1750)}{1800} = 1.972$

1 극수 p의 3상 유도전동기가 주파수가 f[Hz], 슬립이 s, 토크 T[N·m]로 회전하고 있을 때의 기계적 출력[W]은?

① $T\dfrac{4\pi f}{p}(1-s)$

② $T\dfrac{4pf}{\pi}(1-s)$

③ $T\dfrac{4\pi f}{p}s$

④ $T\dfrac{\pi f}{2p}(1-s)$

2 전력변환기기에 관한 설명으로 가장 옳지 않은 것은?

① 스위칭 소자인 사이리스터(Thyristor)는 off제어가 가능한 단방향 전류 소자이다.

② 사이클로(Cyclro) 컨버터로 3상 동기전동기를 구동하는 것이 가능하다.

③ 부스트(Boost) 컨버터로 직류 직권전동기를 구동하는 것이 가능하다.

④ 전류형 인버터에는 리액터(Reactor)를 설치해야 한다.

3 어느 한 공장이 100[kVA]인 동일 정격의 단상 변압기 2대를 V결선으로 운영하고 있다. 변압기의 용량이 부족하여 동일한 한 대의 변압기를 추가하여 △결선하였다. 변압기를 추가하기 전에 비해 늘어난 용량[kVA]으로 가장 가까운 값은?

① 100.0

② 126.8

③ 150.0

④ 173.1

4 직류 분권전동기의 단자 전압과 계자전류는 일정하고 부하 토크가 2배로 되면 전기자전류는 어떻게 되는가?

① 불변   ② 1/2배

③ 2배   ④ 4배

---

1 극수 p의 3상 유도전동기가 주파수가 f[Hz], 슬립이 s, 토크 T[N·m]로 회전하고 있을 때의 기계적 출력[W]의 산출식은 $T\dfrac{4\pi f}{p}(1-s)$가 된다.

$$P = T\omega = T\frac{2\pi N}{60} = T\frac{2\pi}{60} \cdot \frac{120f}{P}(1-s) = T\frac{4\pi f}{P}(1-s)[W]$$

2 사이리스터 중 SCR은 단방향소자이나 Triac은 양방향 소자이다.

3 변압기 2대로 3상 전원을 사용하면 V결선을 사용하여야 3상 전원을 사용할 수 있다.
이 때 사용할 수 있는 전력은 $\sqrt{2} \times 100[kVA] = 173.2[kVA]$가 된다.
변압기 3대로 3상 결선을 하여 사용할 경우에는 300[KVA]의 용량을 사용할 수 있다.
그러므로 300[KVA]−173.2[KVA]=126.8[KVA]가 된다.
(보통 V결선은 3대로 3상 Y나 델타 결선하여 사용하다가 변압기 1대가 소손이 되었을 경우 2대로 3상 전원을 사용하기 위하여 변압기 2대를 V결선하여 사용한다.)

4 직류 분권전동기의 단자 전압과 계자전류는 일정하고 부하 토크가 2배로 되면 전기자전류는 2배가 된다.
분권전동기는 전기자전류와 토크가 비례하고, 직권전동기는 토크가 전기자전류의 제곱에 비례한다.

5 3150/210[V]인 변압기의 용량이 각각 250[kVA], 200[kVA]이고 %임피던스 강하가 각각 2.5[%], 3[%]이다. 두 변압기가 300[kVA]의 부하를 분담하고 있다. 각 변압기의 부하분담용 량으로 가장 가까운 값은?

① 150.0[kVA], 150.0[kVA]

② 163.6[kVA], 136.4[kVA]

③ 166.7[kVA], 133.3[kVA]

④ 180.0[kVA], 120.0[kVA]

6 권선을 단절권으로 감아서 동기발전기에서 발생하는 제3고조파를 없애려고 한다. 자극 피치 에 대한 권선 피치의 비는?

① 17/18

② 13/15

③ 3/4

④ 2/3

7 △ 결선의 3상 유도전동기를 Y결선으로 변경한 경우의 기동토크는 △ 결선 시의 몇 배가 되는 가?

① $\dfrac{1}{3}$

② $\dfrac{1}{\sqrt{3}}$

③ $\sqrt{3}$

④ 3

8 직류 타여자 발전기의 부하전류가 증가할 때 단자 전압이 감소하도록 하는 원인으로 가장 옳 지 않은 것은?

① 보상권선 저항

② 브러시 저항

③ 계자권선 저항

④ 보극권선 저항

9 다음 직류발전기에 대한 설명 중 옳은 것을 모두 고른 것은?

> ㉠ 교차기자력은 계자기자력과 전기각도 90°의 방향으로 발생하는 기자력이다.
> ㉡ 편자작용에 의해 직류발전기는 전기적 중성축이 회전방향으로 이동한다.
> ㉢ 보극이나 보상권선을 설치하여 전기자 반작용에 의한 악영향을 줄일 수 있다.

① ㉠, ㉡

② ㉠, ㉢

③ ㉡, ㉢

④ ㉠, ㉡, ㉢

---

5 용량비는 $\dfrac{P_a}{P_b} = \dfrac{P_A}{P_B} \times \dfrac{\%Z_B}{\%Z_A} = \dfrac{250}{200} \times \dfrac{3}{2.5} = 1.5$이므로 이러한 비를 갖는 값은 주어진 보기 중 180.0[kVA], 120.0[kVA]이다.

6 단절권계수 $K_p = \sin\dfrac{n\beta\pi}{2} = 0$이면 고조파가 제거되므로 $K_p = \sin\dfrac{3\beta\pi}{2} = 0$가 되도록 하는 값($\beta$)은 주어진 보기 중 2/3가 적합한 값이 된다.
- **피치** : 1개의 정류자편과 이웃한 정류자편 사이의 간격
- **권선피치** : 코일변 사이의 간격
- **자극피치** : 하나의 주자극 중앙에서 인접 주자극 중앙까지의 전기자 표면 거리
- **단절권** : 코일 간격이 극간격보다 작은 권선법으로서 교류기에서 유기기전력의 특정 고조파분을 제거하고 또 권선을 절약하기 위하여 자주 사용되는 권선법이다.

7 △결선의 3상 유도전동기를 Y결선으로 변경한 경우의 기동토크는 △결선 시의 1/3이 된다.

8 계자권선의 저항은 직류 타여자 발전기의 부하전류가 증가할 때 단자 전압이 감소하도록 하는 원인과는 무관하다.

9 • 교차기자력은 계자기자력과 전기각도 90°의 방향으로 발생하는 기자력이다. (○)
- 편자작용에 의해 직류발전기는 전기적 중성축이 회전방향으로 이동한다. (○)
- 보극이나 보상권선을 설치하여 전기자 반작용에 의한 악영향을 줄일 수 있다. (○)

정답 및 해설 5.④ 6.④ 7.① 8.③ 9.④

10 직류 분권전동기가 단자 전압 100[V], 전기자전류 25[A], 회전속도 1500[rpm]로 운전되고 있다. 이때의 토크 T[N·m]으로 가장 가까운 값은? (단, 전기자 회로의 저항은 0.2[Ω]이며, 브러시 전압강하 및 전기자 반작용의 영향은 무시한다.)

① 8.3   ② 10.8

③ 13.1   ④ 15.1

11 3상 동기전동기에 대한 설명으로 가장 옳지 않은 것은?

① 제동권선은 전동기의 기동에 사용될 수 있다.
② 원통형 동기전동기의 출력은 동기리액턴스에 반비례한다.
③ 무부하로 운전 중인 전동기의 계자전류를 감소시키면 단자에 진상전류가 흐르게 된다.
④ 계자전류의 변화에 따른 전기자전류의 변화를 나타낸 것을 V곡선이라 한다.

12 직류 분권발전기의 전기자권선에 대한 설명으로 가장 옳지 않은 것은?

① 전기자권선은 모두 단절권이다.
② 전기자권선은 대부분 폐로권이다.
③ 전기자권선은 대부분 고상권이다.
④ 파권의 브러시 수는 극수와 관계없이 2개이다.

13 매극의 유효자속이 0.01[Wb], 전기자 총 도체수가 100인 4극의 단중 중권 직류발전기를 1200[rpm]으로 회전시킬 때의 기전력[V]은?

① 10   ② 20

③ 50   ④ 100

14 3상 동기발전기의 단락시험 시 발생하는 전기자 반작용으로 가장 적절한 것은?

① 증자작용

② 감자작용

③ 교차자화작용

④ 아무작용도 일어나지 않는다.

---

10 $T = \dfrac{P}{w} = \dfrac{EI_a}{2\pi\dfrac{N}{60}} = \dfrac{(V - I_aR_a)I_a}{2\pi\dfrac{N}{60}} = \dfrac{(100 - 0.2 \cdot 25) \cdot 25}{2\pi\dfrac{1500}{60}} = 15.12$

11 무부하로 운전 중인 전동기의 계자전류를 증가시키면 단자에 진상(앞선)전류가 흐르게 된다.

※ **진상전류** … 교류 전기에서 용량성부하(콘덴서 용량이 포함된 부하)에 의해 공급 전압 위상에 비해 소비전류의 위상이 앞서는 상태(즉, 전압보다 위상이 앞서고 있는 전류)

12 직류 분권발전기의 경우 전기자권선은 단중중권이다. (일반적으로 단중중권은 전절권으로 결선한다.)

13 $e = \dfrac{PZ\phi N}{a \times 60} = \dfrac{4 \cdot 100 \cdot 0.01 \cdot 1200}{4 \cdot 60} = 20[V]$

14 3상 동기발전기의 단락시험 시 발생하는 전기자 반작용은 감자작용이다.

정답 및 해설 10.④ 11.③ 12.① 13.② 14.②

15 두 대의 3상 동기발전기의 병렬운전에 대한 설명으로 가장 옳지 않은 것은?

① 원동기의 속도는 부하전류의 변화와 관계없이 일정한 속도를 유지해야 한다.

② 병렬운전 중 어느 한 발전기의 속도가 빨라지면 동기화력이 발생한다.

③ 병렬운전 중 어느 한 발전기의 여자를 세게 하면 두 발전기 사이에 무효순환전류가 흐른다.

④ 병렬운전 중 어느 한 발전기의 여자를 세게 하면 그 발전기에서 감자작용이 일어난다.

16 3상 유도전동기의 1차 권선저항이 15[Ω], 1차측으로 환산한 2차권선 저항은 9[Ω], 슬립이 0.1일 때, 효율[%]로 가장 가까운 값은? (단, 여자 전류는 무시하고, 손실은 1차 권선 및 2차 권선에 의한 동손만 존재한다.)

① 66

② 77

③ 88

④ 99

17 그림과 같이 정격 1차 전압 6000[V], 정격 2차 전압 6600[V]인 단상 단권 변압기가 있다. 소비 전력 100[kW], 역률 75[%](지상)인 단상 부하에 정격 전압으로 전력을 공급하는 데 필요한 단권 변압기의 자기 용량[kVA]으로 가장 가까운 값은? (단, 권선 저항, 누설 리액턴스 및 철손은 무시한다.)

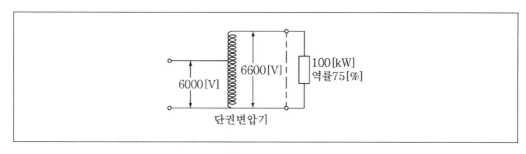

① 9.1

② 12.1

③ 100

④ 121

18 정격 출력 5000[kVA], 정격 전압 6600[V]인 3상 동기발전기가 있다. 무부하 시에 정격 전압이 되는 여자 전류에 대한 3상 단락 전류(지속 단락 전류)는 500[A]이다. 이 동기 발전기의 단락비로 가장 가까운 값은?

① 0.875

② 1.00

③ 1.14

④ 1.52

---

15 동기발전기의 병렬운전조건
- 발전기의 파형 및 주파수가 서로 동일해야 한다. (주파수가 동일하지 않을 경우 난조가 발생한다.)
- 단자전압이 서로 일치해야 한다. (서로 다를 경우 무효순환전류가 발생한다.)
- 발전기의 상의 순서가 일치해야 한다.
- 발전기의 투입 시 위상이 서로 일치해야 한다. (서로 다를 경우 유효순환전류가 발생한다.)

16 슬립을 s라고 하면 1차측에서 본 유도전동기의 등가회로의 저항은 (15+9/s)[Ω]이 되며, 변압기의 내부저항과 부하가 연결된 형태와 동일한 모양으로 등가회로를 변경한다.
15+9/s=15+9+9(1-s)/s가 성립한다. (15[Ω]과 9[Ω]에서는 변압기의 1, 2차 동손과 같은 고정손실이 발생하며 (9(1-s)/s[Ω]에서는 소비되는 전력이 유도전동기의 기계적 출력에 대응된다.)
s=0.1을 대입하면 동손저항은 15+9=24[Ω]

출력을 만들어내는 등가저항은 $\dfrac{9 \cdot (1-0.1)}{0.1} = 81[\Omega]$

저항에서 소비되는 전력은 I^2R이므로 효율은 $\dfrac{I^2 \cdot 81}{I^2 \cdot 105} = 0.77$이 된다.

17 100[kVA]/0.75=133.3[kVA]가 되며, 전류는 133.3[kVA]/6.6[kV]=20.2[A]가 된다.
이때 자기용량은 (6600-6000)×20.2=12.12[kVA]가 산출된다.

18 여자 전류에 대한 3상 단락 전류(지속 단락 전류)는 500[A]이고 정격 출력 5000[kVA], 정격 전압 6600[V]인 3상 동기발전기의 정격전류는 $\dfrac{5000}{\left(\dfrac{6.6}{\sqrt{3}}\right)} = 437[A]$이며

단락비는 $\dfrac{I_s}{I_n} = \dfrac{500}{437} = 1.14$가 된다.
(단락비는 정격전류에 대한 단락전류의 비이다.)

정답 및 해설 15.① 16.② 17.② 18.③

2016. 6. 25. 서울특별시 시행 ┃ 61

19 전부하의 $\dfrac{1}{2}$ 일 때 효율이 최대가 되는 단상 변압기가 있다. 이 변압기의 부하가 전부하의 $\dfrac{3}{4}$ 일 때의 동손 P_c와 철손 P_i의 비 $\left(\dfrac{P_c}{P_i}\right)$로 가장 가까운 값은? (단, 2차 전압 및 부하 역률은 일정하다.)

① 0.56

② 1.13

③ 1.50

④ 2.25

20 직류 발전기를 병렬운전하려고 한다. 다음 중 필요한 조건이 아닌 것은?

① 각 발전기의 단자 전압의 극성이 동일할 것

② 각 발전기의 전부하 단자전압이 동일할 것

③ 각 발전기의 외부특성곡선이 수하특성일 것

④ 각 발전기의 계자전류가 동일할 것

19 전부하의 $\frac{1}{2}$ 일 때 효율이 최대라면 철손은

$$P_{i1} = P_{c1} \cdot \left(\frac{1}{2}\right)^2 = \frac{P_{c1}}{4}$$

전부하의 $\frac{3}{4}$ 일 때 동손은 $P_{c2} = P_{c1} \cdot \left(\frac{3}{4}\right)^2 = P_{c1} \cdot \frac{9}{16}$

이를 철손(P_{i1})으로 나누면, $P_{c1} \cdot \frac{9}{16} \times \frac{4}{P_{c1}} = \frac{9}{4} = 2.25$

20 직류 발전기의 병렬운전의 조건
- 각 발전기의 단자 전압의 극성이 동일할 것
- 각 발전기의 전부하 정격 전압이 일치할 것(단자전압이 같을 것)
- 각 발전기의 외부특성곡선이 수하특성일 것
- 백분율 부하전류의 외부특성곡선이 일치할 것
- 무부하 특성곡선 : 무부하 시 I_f와 E의 관계곡선
- 부하 특성곡선 : 정격부하 시 I_f와 V의 관계곡선
- 외부특성곡선 : 정격부하 시 I와 V의 관계곡선

1 동기기에서의 부하각이란?

① 부하전류와 여자전압 사이의 위상각

② 부하전류와 계자전류 사이의 위상각

③ 부하전류와 단자전압 사이의 위상각

④ 단자전압과 여자전압 사이의 위상각

2 회전자계 이론을 기반으로 한 단상 유도전동기의 정방향 회전자계의 속도가 n_0 [rpm], 회전자의 방향 회전속도가 n [rpm]일 때 역방향 회전자계에 대한 슬립[pu]은?

① $\dfrac{n_0 - n}{n_0}$

② $\dfrac{2n_0 - n}{n_0}$

③ $\dfrac{n_0 + n}{n_0}$

④ $\dfrac{2n_0 + n}{n_0}$

3 단자전압 150 [V], 전기자전류 10 [A], 전기자저항 2 [Ω], 회전속도 1800 [rpm]인 직류전동기의 역기전력[V]은?

① 100

② 110

③ 120

④ 130

4 권선형 유도전동기의 2차측 단자에 외부저항 R을 삽입하였다. 이 저항 R을 증가시킨 경우의 설명으로 옳지 않은 것은?

① 최대 토크 발생 슬립이 증가한다.

② 최대 토크가 감소한다.

③ 기동 토크가 증가한다.

④ 기동 전류가 감소한다.

---

1 부하각이란 유도기전력과 단자전압의 위상차를 말한다.
$E \angle \theta_1$, $V \angle \theta_2$ 이면 부하각은 $\delta = \theta_1 - \theta_2$

2 정방향 회전자계에 대한 슬립 (0 〈 s 〈 1)
$$s[pu] = \frac{n_0 - n}{n_0}$$
역방향 회전자계에 대한 슬립 (1 〈 s 〈 2)
$$s[pu] = \frac{n_0 + n}{n_0}$$

3 직류전동기의 역기전력 $E = V - I_a r_a = 150 - 10 \times 2 = 130[V]$

4 권선형 유도전동기는 비례추이에 의하여 저항으로 슬립을 크게 하고, 토크를 크게 할 수 있다. 그러나 최대토크는 외부저항에 의하여 변하지 않고 일정하다.

정답 및 해설 1.④ 2.③ 3.④ 4.②

5 정격출력 5000 [kVA], 정격전압 6600 [V]인 3상 동기발전기가 있다. 무부하 시에 정격전압을 발생시키는 여자전류에 대한 3상 단락전류(지속 단락전류)는 500 [A]이다. 이 동기발전기의 단락비[pu]는?

① $\dfrac{0.66}{\sqrt{3}}$

② $\dfrac{0.66}{3}$

③ $\sqrt{3} \times 0.66$

④ 3×0.66

6 지상 역률 0.6의 부하 300 [kW]에 100 [kW]를 소비하는 동기전동기를 병렬로 접속하여 합성부하 역률을 지상 0.8로 하기 위해 필요한 동기전동기의 진상 무효전력[kvar]은?

① 100

② 150

③ 200

④ 250

7 변압기의 정수산정을 위한 개방회로 시험과 단락회로 시험에 관한 설명으로 옳지 않은 것은?

① 개방회로 시험에서는 변압기의 한 쪽 권선을 정격부하에, 다른 쪽 권선을 정격 선간전압에 연결한다.

② 단락회로 시험에서는 변압기의 저전압 단자를 단락시키고 고전압 단자를 가변 전압원에 연결한다.

③ 개방회로 시험을 통해 여자 어드미턴스의 크기와 각을 결정할 수 있다.

④ 단락회로 시험에서는 입력전압이 정격전압보다 매우 낮기 때문에 여자전류를 무시할 수 있다.

8 220 [V], 4극, 60 [Hz]의 3상 권선형 유도전동기가 1710 [rpm]으로 운전되고 있다. 동일한 토크에서 회전속도를 1620 [rpm]으로 운전하기 위해 2차 측에 삽입해야 하는 상당 저항[Ω] 은? (단, 이 전동기 2차 회로의 상당 권선저항은 0.5 [Ω]이다)

① 0.5

② 1.0

③ 1.5

④ 2.0

---

5 단락비 $K = \dfrac{I_s}{I_n} = \dfrac{500}{\dfrac{5000 \times 10^3}{\sqrt{3} \times 6600}} = \sqrt{3} \times 0.66$

6 역률 0.6의 부하 300[Kw], 피상전력은 500[KVA]

개선 전의 무효전력 $Q_1 = 500 \times 0.8 = 400[Kvar]$

개선 후의 무효전력 $Q_2 = 500 \times 0.6 = 300[Kvar]$

따라서 필요한 진상무효전력은 100[Kvar]

7 변압기의 무부하시험(개방회로시험)은 1차측(고전압측)을 개방한 상태로 2차 단자에 정격주파수의 정격전압을 가하여 측정한다.

8 4극, 60[Hz]이면 동기속도가 1800[rpm]이고, 권선형 유도전동기의 회전속도가 1710[rpm]이므로 슬립은 5[%], 동일한 토크에서 회전속도를 1620[rpm]으로 낮추면 슬립이 10[%]가 되어야 하므로 비례추이에 의해서 다음 식으로 외부저항 R을 구한다.

$\dfrac{r_2}{s_1} = \dfrac{r_2 + R}{s_2}$ 에서 $\dfrac{0.5}{5} = \dfrac{0.5 + R}{10}$, $R = 0.5[\Omega]$

정답 및 해설 5.③ 6.① 7.① 8.①

2017. 4. 8. 인사혁신처 시행 ‖ 67

9 무부하 포화곡선이 $V_0 = \dfrac{730 I_f}{25 + I_f}$ 로 주어지는 직류 분권발전기가 있다. 계자회로 저항이 20

[Ω]이면 발전기의 단자전압[V]은? (단, I_f는 계자전류, V_0는 무부하 전압이다)

① 200 　　　　　　　　　　　　　② 210

③ 220 　　　　　　　　　　　　　④ 230

10 전압비 10000/220 [V]인 $\Delta - Y$ 배전변압기가 1 [%]의 저항과 5 [%]의 리액턴스를 가진다. 고압측으로 환산한 임피던스가 $Z = 100 + j\,500$ [Ω]인 경우 이 변압기의 정격용량[kVA]은?

① 30 　　　　　　　　　　　　　② 35

③ 40 　　　　　　　　　　　　　④ 45

11 BLDC 전동기에서 직류기의 정류작용을 위한 정류자와 브러시의 역할을 하는 구성요소는?

① 전류센서와 다이오드 정류기 　　　② 전류센서와 인버터

③ 홀센서와 다이오드 정류기 　　　　④ 홀센서와 인버터

12 변압기의 3상 결선법에서 병렬운전이 불가능한 경우는?

① $\Delta - Y$와 $\Delta - Y$

② $\Delta - Y$와 $\Delta - \Delta$

③ $Y - Y$와 $\Delta - \Delta$

④ $\Delta - \Delta$와 $\Delta - \Delta$

9

$V_0 = \dfrac{730 I_f}{25 + I_f} = \dfrac{730 \times \dfrac{V_0}{20}}{25 + \dfrac{V_0}{20}} \, [V]$ 에서 양변에서 V_0를 상쇄하고 정리하면 $25 + \dfrac{V_0}{20} = \dfrac{730}{20}$

따라서 $V_0 = 230 [V]$

10

$\%R = \dfrac{PR}{10 V^2}$ 에서 고압측으로 환산한 저항으로 계산을 하면 $1 = \dfrac{P \times 100}{10 \times 10^2}$ 이므로 P=10[KVA]

1상당 10[KVA]이므로 3상용변압기의 정격용량은 30[KVA]

11 브러시가 부착된 DC 모터에서는 정류자와 브러시의 접촉에 의해서 코일에 전류를 흐르게 함과 동시에 정류시키는 기능을 하지만, 브러시가 마모되는 단점이 있다. 그러나 Brushless DC모터는 브러시를 사용하지 않고 비접촉의 위치 검출기와 반도체 소자로서 통전 및 전류시키는 기능을 바꾸어 놓은 모터이다. DC모터와 비슷한 면이 있으나 구동방식상 3상 유도 전동기의 특성과 유사하여 저속 고속에서 토크가 비교적 높고 고속회전도 가능하며 무접점의 반도체 소자로 코일의 전류를 드라이브 하는 관계로 그 수명이 매우 길고 소음과 전자적인 잡음을 거의 발생시키지 않는다.
홀센서는 Hall Effect를 이용하여 로터의 위치를 알 수 있다. BLDC모터에서는 전기각을 검출하기 위해서 홀센서를 가장 많이 사용한다. 정류자와 브러시의 역할을 하는 구성요소에 홀센서와 인버터가 사용된다.

12 변압기 병렬운전에서 운전이 불가능한 경우는
$\triangle - \triangle$와 $\triangle - Y$, $\triangle - Y$와 $Y - Y$ 인 경우이다.

정답 및 해설 9.④ 10.① 11.④ 12.②

13 직류 전원전압 E, 스위칭 주기 T, on 시간 T_{on}인 직류 초퍼의 평균 출력전압 V_d에 관한 설명으로 옳지 않은 것은?

① 강압 초퍼의 경우 V_d는 이론적으로는 $0 \sim E$의 범위 내에서 연속적으로 제어할 수 있다.

② 강압 초퍼에서는 $\dfrac{T_{on}}{T}$이 $\dfrac{1}{2}$일 때, V_d는 $\dfrac{1}{4}E$가 된다.

③ 승압 초퍼의 경우 V_d는 직류 전원전압 E보다 낮은 값에서는 제어할 수 없다.

④ 승압 초퍼에서는 $\dfrac{T_{on}}{T}$이 $\dfrac{1}{2}$일 때, V_d는 $2E$가 된다.

14 지하철에서 트랙션(traction) 전동기에 남아 있는 에너지를 지하철 객차 내의 히터로 보내 열에너지로 소모시키는 제동방법은?

① 회생제동
② 역상제동
③ 발전제동
④ 마찰제동

15 SCR을 이용한 인버터 회로에서 SCR이 도통 상태에 있을 때 부하전류가 20 [A]이다. 이 상태에서 게이트 전류를 $\dfrac{1}{4}$배로 감소시킨 경우 부하전류[A]는?

① 0
② 5
③ 10
④ 20

16 그림과 같이 일정 전압으로 부하를 구동 중인 직류 직권전동기와 직류 분권전동기에 같은 크기의 전류가 공급되고 있다. 각각의 전동기에 인가된 부하토크가 4배로 증가할 때 I_{series}, I_{shunt} 및 I_{total}의 변화는? (단, 자기포화 및 전기자 반작용은 무시한다)

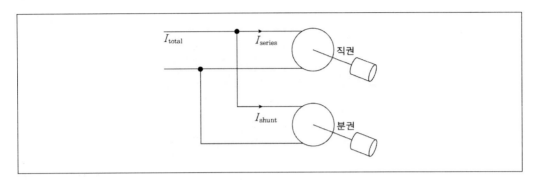

	I_{series}	I_{shunt}	I_{total}
①	4배로 증가	2배로 증가	3배로 증가
②	4배로 증가	2배로 증가	6배로 증가
③	2배로 증가	4배로 증가	3배로 증가
④	2배로 증가	4배로 증가	6배로 증가

---

13 강압초퍼이므로 $\dfrac{T_{on}}{T} = D = \dfrac{1}{2}$, 따라서 출력전압 $1 - D = \dfrac{1}{2}E = V_d$

14 ㉠ 발전제동 : 전동기를 정지시키고자 하는 경우에 전동기를 전원에서 분리시키면 정지하기까지 발전을 하게 된다. 이때 발생한 전력을 저항으로 열을 발산하여 소비하는 방법을 발전제동이라고 한다.
㉡ 회생제동 : 발전제동과 같이 전력이 발생한 것을 전원으로 되돌려 사용하는 것을 회생제동이라고 한다.

15 SCR(실리콘 정류기)는 역저지 3극의 사이리스터로서 게이트에 전류를 흘림으로 도통하게 된다. 일단 도통상태가 되면 제어게이트 전류로 부하전류의 크기를 변화시킬 수 없다.

16 직류직권전동기는 토크가 전류의 2배에 비례하고, 분권전동기는 토크와 전류가 비례한다.
따라서 부하토크가 4배 증가하였다면 직권전동기 전류는 $T \propto I^2$ 이므로 I_{series}는 2배, 분권 전동기 전류는 4배가 된다.
전류의 합은 $\dfrac{2+4}{2} = 3$배

정답 및 해설 13.② 14.③ 15.④ 16.③

17 다음 중 변압기의 손실에 대한 설명으로 옳지 않은 것은?

① 동손은 변압기의 1차 및 2차 권선에서 열로 발생하는 저항 손실이며, 권선에 흐르는 전류의 크기에 비례한다.

② 와전류손은 변압기의 철심에서 발생하는 와전류로 인한 손실이며, 변압기에 인가되는 전압의 제곱에 비례한다.

③ 히스테리시스손은 철심 내에 있는 자구들의 재배열로 인해 발생한다.

④ 변압기의 최대효율은 무부하손과 부하손이 같을 때 나타난다.

18 그림 (a)와 같은 Buck 컨버터가 정상상태로 동작하고 있다. 스위치 양단 전압 V_{sw}가 그림 (b)와 같을 때 부하로 출력되는 전압[V]은? (단, 모든 소자는 이상적으로 동작한다)

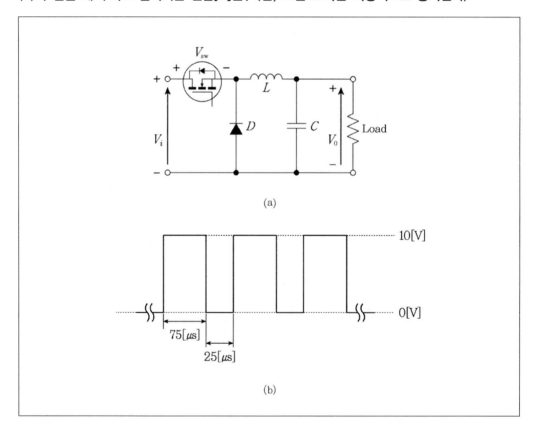

① 10.0　　　　　　　　　　　② 7.5

③ 5.0　　　　　　　　　　　④ 2.5

19 정격전압을 인가한 직류 분권전동기의 무부하 회전속도는 1200 [rpm]이다. 이 전동기의 계자전류만을 1.2배로 조정했을 때, 전동기의 무부하 회전속도[rpm]는? (단, 자기포화는 무시한다)

① 800

② 900

③ 1000

④ 1100

20 60 [Hz], 200 [V], 7.5 [kW]인 3상 유도전동기의 전부하 슬립[%]은? (단, 회전자 동손은 0.4 [kW], 기계손은 0.1 [kW]이다)

① 4.0

② 4.5

③ 5.0

④ 5.5

---

17 ② 와류손은 $P_e \propto f^2 B^2 t^2$ 이고, 유기기전력 $e = \omega NBS$ [V]이므로 $P_e \propto f^2 B^2 t^2 = e^2 t^2$ 의 관계가 있다. 그러므로 와류손은 전압의 제곱에 비례한다.

　④ 변압기 최대 효율은 철손과 동손이 같을 때 나타난다.

18 Buck컨버터는 강압용이므로 $\dfrac{T_{on}}{T} = \dfrac{3}{4}$ 이므로 부하에 인가되는 전압은 입력전압의 $\dfrac{1}{4}$ 이다.

그러므로 출력전압은 $10 \times \dfrac{1}{4} = 2.5$ [V]

19 직류 전동기의 속도 $N = K\dfrac{V - E}{\varnothing}$ [rpm]에서 계자전류 즉 자속을 1.2배로 하면 회전속도는 $\dfrac{1}{1.2}$ 배로 감소한다.

따라서 $1200 \times \dfrac{1}{1.2} = 1000$ [rpm]

20 슬립 $s = \dfrac{P_{2c}}{P_2} = \dfrac{동손}{2차입력} = \dfrac{동손}{출력 + 동손 + 기계손} = \dfrac{0.4}{7.5 + 0.4 + 0.1} = 0.05$

정답 및 해설 17.① 18.④ 19.③ 20.③

1 직류발전기에서 정류를 좋게 하는 방법으로 옳지 않은 것은?

① 브러시 접촉 저항을 크게 한다.

② 리액턴스 전압을 크게 한다.

③ 보극을 설치한다.

④ 정류 주기를 길게 한다.

2 5[kW] 이하의 3상 농형 유도전동기에 정격전압을 직접 인가하는 방법으로 가속토크가 커서 기동시간이 짧은 특성을 갖는 기동 방법은?

① Y-△ 기동

② 리액터 기동

③ 전전압 기동

④ 1차 저항 기동

3 변압기유가 갖추어야 할 조건으로 옳지 않은 것은?

① 인화의 위험성이 없고 인화점이 높아야 한다.

② 절연 저항 및 절연 내력이 높아야 한다.

③ 비열과 열전도도가 크며 점성도가 낮아야 한다.

④ 응고점이 높고, 투명하여야 한다.

4 3상 유도전동기의 출력이 10 [kW], 슬립이 5 [%]일 때, 2차 동손[kW]은? (단, 기계적 손실은 무시한다)

① 0.326

② 0.426

③ 0.526

④ 0.626

---

1 부하가 증가하면 전기자전류도 증가하기 때문에 리액턴스전압도 고압으로 되므로 불꽃의 발생이 많아지고, 정류자나 브러시를 과열시켜 손상케 한다. 이것은 코일의 자기인덕턴스가 원인이므로 보극을 설치하거나 접촉저항이 큰 브러시를 사용하여 단락전류를 억제시킨다.

따라서 리액턴스전압을 낮추도록 해야 한다.

2 농형유도전동기는 구조가 튼튼하고 운전조작이 간단한 것이 특징이다. 기동방법이 가장 간단한 것은 정지하고 있는 전동기에 정격전압을 직접 인가해서 기동시키는 방법으로 전전압기동이라고 한다. 기동 시에는 역률이 나쁘기 때문에 기동전류가 크고 기동토크는 비교적 작다.

5[Kw] 이하의 소용량 또는 기동전류가 특히 적게 된 특수농형유도전동기에서 적용된다.

3 변압기유에는 주로 광유가 사용된다. 절연내력이 있고, 비열이 공기보다 크며 냉각효과가 있어서 사용된다.

절연유의 조건으로는 절연 내력이 커야 하고, 절연재료 및 금속재료와 화학작용이 일어나지 않을 것, 인화점이 높고 응고점이 낮을 것, 비열이 커서 냉각효과가 클 것 등이 있다.

응고점이 높으면 상용온도에서 굳기 때문에 절연 및 냉각효과가 매우 낮게 된다.

4 $s = \dfrac{P_{2c}}{P_2} = \dfrac{동손}{10 + 동손} = 0.05$ 에서 동손은 0.526[Kw]

정답 및 해설 1.② 2.③ 3.④ 4.③

5 전동기의 기계적 출력을 구하는 방법 중 토크를 이용하는 방법이 있다. 토크는 가상 변위법에 의해 전기기계계에 저장된 에너지를 회전 방향으로 편미분하면 얻어진다. 이를 이용한 기계적 출력은?

① 분당 회전수 × 토크

② 전기적 각속도 × 토크

③ 회전자 권선 선속도 × 토크

④ 기계적 각속도 × 토크

6 정현파 교류전압원을 부하저항 R인 단상 브리지 전파정류회로에 연결했다. 부하저항에서 소비하는 평균전력 P_1과 전파 정류회로 없이 정현파 교류전압원에 부하저항을 직접 연결했을 때 부하저항에서 소비하는 평균전력 P_2와의 비($\dfrac{P_1}{P_2}$)는? (단, 전파 정류회로의 손실은 없다)

① 0.5   ② 0.7

③ 1.0   ④ 1.4

7 단자전압 210 [V], 부하전류 50 [A]일 때 회전수가 1,500 [rpm]인 직류 직권전동기가 있다. 단자전압을 106 [V]로 하는 경우 부하전류가 30 [A]이면 회전수[rpm]는? (단, 전기자권선과 계자권선의 합성저항은 0.2 [Ω]이며, 자기회로는 불포화 상태이다)

① 900   ② 1,250

③ 1,800   ④ 2,500

8 변압기의 여자전류를 줄이기 위한 방법으로 옳지 않은 것은?

① 1차측 입력전압의 크기를 줄인다.

② 변압기의 권선수를 줄인다.

③ 투자율이 높은 철심을 사용한다.

④ 1차측 입력전압의 주파수를 증가시킨다.

---

5 운동에너지를 회전계의 에너지로 변환을 하면 $W = \frac{1}{2}mv^2 = \frac{1}{2}m(r\omega)^2 = \frac{1}{2}J\omega^2 [J]$

J는 회전체의 관성모멘트 $J = mr^2 [kg\,m^2]$

회전력 $T = J\frac{d\omega}{dt}[N \cdot m]$, 출력 $P = T\omega =$ 토크 × 기계적 각속도 $[W]$

전기적 각속도는 극수와 관계되는 속도이고, 기계적 각속도는 회전수와 관계되는 속도이다.

6 평균전력이란 한주기의 순시전력값의 평균값을 말한다. 즉 $P_{av} = \frac{1}{T}\int_0^T Pdt$

전파정류가 된 전력과 교류전력에서 가하는 평균값은 동일하다. $\frac{P_1}{P_2} = 1$

7 직류 직권전동기
$E_{50} = V - IR = 210 - 50 \times 0.2 = 200[V]$
$E_{30} = 106 - 30 \times 0.2 = 100[V]$
기전력이 회전수에 비례하고 전류와 반비례하므로
$N = 1500 \times \frac{1}{2} \times \frac{5}{3} = 1250[rpm]$

8 변압기의 여자전류는 자화전류와 철손전류로 되어있다. 여자전류는 자속을 얻기 위한 것이므로
$\varnothing = \frac{E}{4.44fN}[wb]$에서 E를 감소, f나 N을 증가시키면 된다.

9 동기전동기가 전력계통에 접속되어 일정 단자전압과 일정 출력으로 운전하고 있을 때, 동기전 동기의 여자전류를 증가시키면 일어나는 현상으로 옳은 것은? (단, 동기전동기의 운전속도는 일정하다)

① 토크가 증가한다.

② 난조가 발생한다.

③ 동기발전기로 동작하게 된다.

④ 전기자전류의 위상이 달라진다.

10 1차 정격전압과 2차 정격전압이 동일한 2대의 변압기가 있다. 정격용량 및 %임피던스강하가 A변압기는 150 [kVA], 5 [%]이고, B변압기는 300 [kVA], 3 [%]라고 한다. 두 대의 변압기를 병렬 운전할 때, 두 대의 변압기에 접속할 수 있는 최대 합성 부하용량[kVA]은?

① 240

② 360

③ 390

④ 450

11 동기기의 안정도를 향상시키는 대책으로 옳지 않은 것은?

① 회전부의 관성을 작게 한다.

② 속응 여자 방식을 채용한다.

③ 동기 리액턴스를 작게 한다.

④ 역상 및 영상 임피던스를 크게 한다.

12 부하역률이 1일 때의 전압변동률은 3 [%]이고 부하역률이 0일 때의 전압변동률은 4 [%]인 변 압기가 있다. 부하역률이 0.8(지상)일 때, 전압변동률[%]은?

① 3.0

② 4.0

③ 4.8

④ 7.0

9 동기전동기는 조상설비로 사용해서 전력계통에 무효전력을 공급하는 시설이다.
동기전동기의 여자전류를 증가시키면 위상이 변하고 전기자 전류가 변하게 된다.
따라서 전력손실을 경감하는 역률개선을 할 수가 있다.

10 두 대의 변압기를 병렬운전하는 것은 용량을 크게 사용하기 위해서이다.
지금 150[KVA]의 변압기에 300[KVA]의 변압기를 병렬운전하는 것은 전기사용용량을 450[KVA]로 증설하기 위해서인데 [%]임피던스 강하가 다르기 때문에 450[KVA]를 사용할 수 없다. 300[KVA]는 모두 사용할 수 있지만 150[KVA]는 $\frac{3}{5}$ 밖에 사용이 안 되므로, 합성을 하면

$$P = 300 + 150 \times \frac{3}{5} = 390[KVA]$$

$$\frac{I_A}{I_B} = \frac{\%Z_B}{\%Z_A} \times \frac{P_A}{P_B} = \frac{3 \times 150}{5 \times 300} = \frac{3}{10}$$

따라서 A변압기는 B변압기의 30[%]만 사용할 수 있다.

11 동기기의 안정도 향상대책
㉠ 단락비를 크게 한다.
㉡ 회전부의 관성을 크게 한다. 부하각의 동요가 적게 되고, 동기이탈의 가능성이 적어진다.
㉢ 속응 여자 방식을 채택한다. 부하가 급변 시에 급속히 여자전류를 증가하면 부하각의 동요가 적게 되어 과도안정도가 증가한다.
㉣ 역상 및 영상임피던스를 크게 한다.

12 전압변동률 $\epsilon = p\cos\theta + q\sin\theta$에서
부하역률이 1인 경우 $\epsilon = p = 3[\%]$, 부하역률이 0인 경우 $\epsilon = q = 4[\%]$
부하역률이 0.8이면 $\epsilon = p\cos\theta + q\sin\theta = 3 \times 0.8 + 4 \times 0.6 = 4.8[\%]$

정답 및 해설 9.④ 10.③ 11.① 12.③

13 2대의 동기발전기가 병렬 운전하고 있다. 한쪽 발전기의 계자전류가 증가했을 때 두 발전기 사이에 일어나는 현상으로 옳은 것은?

① 무효순환전류가 흐른다.

② 기전력의 위상이 변한다.

③ 동기화전류가 흐른다.

④ 속도조정률이 변한다.

14 동기발전기의 전기자권선을 Y결선하는 이유로 옳지 않은 것은?

① 중성점을 접지할 수 있어서 이상전압에 대한 대책이 용이하다.

② 상전압은 선간전압의 $\dfrac{1}{\sqrt{3}}$ 이 되므로 코일의 절연이 용이하다.

③ 제3고조파 전류에 의한 순환전류가 흐르지 않는다.

④ 전기자 반작용이 감소하여 출력이 향상된다.

15 2극 3상 유도전동기에서 회전자의 기계적 각속도가 동기 각속도보다 큰 경우, 관계식으로 옳은 것은? (단, P_g는 공극 전력, P_m은 기계적 출력, P_r은 회전자 동손이다)

① $P_g < 0,\ P_m < 0,\ P_r > 0$

② $P_g > 0,\ P_m < 0,\ P_r > 0$

③ $P_g < 0,\ P_m > 0,\ P_r < 0$

④ $P_g > 0,\ P_m > 0,\ P_r > 0$

16 직류전동기의 발전제동에 대한 설명으로 옳지 않은 것은?

① 전동기를 전원에서 분리하고 단자 사이에 저항을 연결하여 전류를 흐르게 해서 운동에너지를 열에너지로 소비하는 방법이다.

② 분권전동기의 경우 계자를 전원에 접속한 상태에서 전기자 회로를 분리하여 양단에 저항을 접속하면 열에너지로 소비된다.

③ 복권전동기의 경우 전기자를 반대로 접속하면 전기자 전류가 반대로 되어 회전방향과 역방향의 토크를 발생시키는 방법이다.

④ 직권전동기의 경우 전동기를 전원에서 분리함과 동시에 계자권선과 전기자의 접속을 반대로 하고 전기자에 저항을 접속하면 열에너지로 소비된다.

---

13 동기발전기의 병렬운전조건은 기전력의 크기가 같을 것, 위상이 같을 것, 주파수가 같을 것 등이다. 문제에서는 계자전류가 증가한 경우이므로 자속에 의한 기전력이 증가한 경우가 된다. 따라서 병렬로 운전되는 두 대의 동기발전기에는 전위차에 의한 무효순환전류가 흐르게 된다.

14 동기발전기의 전기자 권선을 Y결선으로 하는 이유
  ㉠ △결선에 비해서 선간전압을 $\sqrt{3}$ 배 크게 할 수 있다.
  ㉡ Y결선은 중성점 접지를 할 수 있기 때문에 이상전압으로부터 기기를 보호할 수 있다.
  ㉢ 중성점을 접지하게 되면 보호계전기의 동작을 확실하게 하고 절연레벨을 낮게 할 수 있다.
  ㉣ 고조파 순환전류가 흐르지 않으므로 열 발생이 적다.

15 유도전동기 회전자의 기계적 각속도가 동기각속도보다 크면 슬립이 s < 0이 되어 발전기로 작동하는 것이다. 따라서 출력은 (−)값으로 표시되고, 손실은 (+)로 된다.
  슬립 s가 음(−)이 되면 회전자 권선은 전동기의 경우와 반대 방향으로 회전하게 되며, 토크와 전류의 방향도 반대가 된다.

16 발전제동이란 전동기의 전원을 끊었을 때 전동기가 발전기로서 동작해서 발생한 전력을 내부에서 열로 소비시키는 방식의 제동법이다.

17 분권 직류발전기가 개방회로에서 유도전압은 240 [V]이며, 부하가 연결되었을 때 단자전압이 230 [V]이다. 계자저항이 50 [Ω], 전기자저항이 0.05 [Ω]일 때 부하전류[A]는? (단, 전기자 반작용과 브러시 전압 강하는 무시한다)

① 180.4

② 190.6

③ 195.4

④ 204.6

18 소형 유도전동기의 슬롯을 사구(skew slot)로 하는 이유로 옳은 것은?

① 회전자의 발열 방지

② 크로우링(crawling) 현상 방지

③ 자기여자 현상 방지

④ 게르게스(Görges) 현상 방지

19 3상 전파 정류회로의 출력측에 부하저항을 연결할 때, 출력전압의 기본 주파수는 입력전압의 기본 주파수의 몇 배인가?

① 3

② 6

③ 9

④ 12

17 분권 직류발전기에서

$E = V + I_a r_a = 230 + I_a \times 0.05 = 240[V]$

단자전압 $V = I_f r_f = I_f \times 50 = 230[V]$

발전기에서 부하전류는 $I = I_a - I_f = 200 - 4.6 = 195.4[A]$

18 3상유도전동기에서 고정자속에는 공간고조파가 포함되는 일이 있다. 이 고조파에 의해서 전동기토크곡선과 부하토크곡선이 충분히 가속이 되지 않은 상태에서 만나 운전되는 현상을 크로우링 현상이라고 한다. 이와 같은 운전은 전동기의 소손위험이 있다. 대개 소용량의 농형전동기에서 많이 발생하고 원인은 고정자슬롯과 회전자 슬롯의 상대적 관계에 있다고 보고 슬롯을 경사지도록 만든 skew slot을 적용한다. 게르게스현상은 단선이 원인이 되는 현상이다.

19 각 정류회로의 특징

종류	단상 반파	단상 전파	3상반파	3상전파
효율[%]	40.6	81.2	96.7	99.8
맥동률[%]	121	48.2	17.7	4
맥동 주파수[Hz]	f	2f	3f	6f

20 그림과 같은 회로에서 스위치 S를 $t = 0$일 때 닫고 정상상태 후 $t = t_1$일 때 열었다. 환류 다이오드 D_f에 흐르는 전류 i_f의 파형은? (단, R과 L은 0이 아닌 유한한 값이고, 모든 소자는 이상적이다)

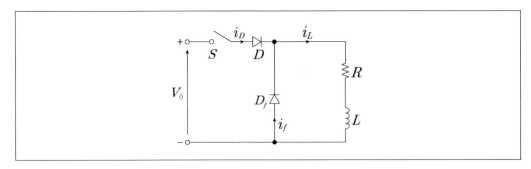

①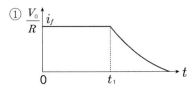

②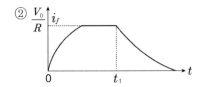

③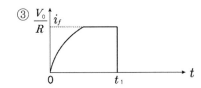

④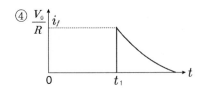

20 t=0에서 정상상태 후 전류는 $i_f = \dfrac{V_0}{R}[A]$, $t = t_1$에서 스위치를 열면 L에 의한 기전력으로 환류다이오드에 전류가 흐른다.

$i_f = \dfrac{V_0}{R}e^{-\frac{R}{L}t}[A]$ 환류다이오드에는 t_1 이전에 전류가 흐르지 않는다.

정답 및 해설 20.④

1 유도전동기의 속도를 결정하는 직접적인 요소가 아닌 것은?

① 온도
② 극수
③ 전압
④ 주파수

2 1차 전압 4,000[V], 2차 전압 200[V], 정격 20[kVA]인 주상 변압기의 % 임피던스 강하가 2.5[%]이다. 이 변압기의 2차를 단락하고 1차에 정격전압을 가하였을 때 1차, 2차의 단락전류(I_{1s}, I_{2s})는?

① I_{1s}=200[A], I_{2s}=2,000[A]

② I_{1s}=400[A], I_{2s}=2,000[A]

③ I_{1s}=200[A], I_{2s}=4,000[A]

④ I_{1s}=400[A], I_{2s}=4,000[A]

3 3,000[V], 1,500[kVA], 동기임피던스 3[Ω]인 동일 정격의 두 동기발전기를 병렬 운전하던 중 한쪽 여자전류가 증가해서 각 상의 유도기전력 사이에 480[V]의 전압차가 발생했다면 두 발전기 사이에 흐르는 무효횡류[A]는 얼마인가?

① 50
② 60
③ 70
④ 80

4 12회 감은 권선에 5초 동안 25[Wb]의 자속이 지나갈 때, 권선에 유도되는 기전력[V]은 얼마인가?

① 25

② 50

③ 60

④ 75

---

1 유도전동기의 속도

$N = \dfrac{120f}{P}(1-s)[rpm]$ 이므로 주파수와 극수, 그리고 슬립이 속도에 관여하는 요소이다.

유도전동기의 속도제어법에 1차전압제어가 있는데 이것은 유도전동기에서 토크가 속도의 제곱에 비례하는 것을 이용한 것이다. 따라서 전압을 낮추면 토크도 낮아져서 슬립이 커지고 속도는 감소한다.

2 $I_{1s} = \dfrac{100}{\%Z}I_n = \dfrac{100}{2.5} \times \dfrac{20 \times 10^3}{4000} = 200[A]$

$I_{2s} = \dfrac{100}{\%Z}I_n = \dfrac{100}{2.5} \times \dfrac{20 \times 10^3}{200} = 4000[A]$

3 동기발전기의 병렬운전에서 두 발전기 간의 전압차가 발생하면 그 전압차에 의해서 두 발전기가 만드는 회로에 무효횡류가 흐른다.

$I = \dfrac{E_A - E_B}{Z_A + Z_B} = \dfrac{480}{2 \times 3} = 80[A]$

4 유도기전력

$e = N\dfrac{\partial \varnothing}{\partial t} = 12 \times \dfrac{25}{5} = 60[V]$

정답 및 해설 1.① 2.③ 3.④ 4.③

5 직권발전기에 대한 설명으로 옳지 않은 것은?

① 직권발전기는 부하변동에도 단자 전압이 거의 변하지 않는다.

② 계자권선이 전기자와 직렬로 연결된 발전기이다.

③ 계자권선의 저항은 가능한 한 작게 설계해야 한다.

④ 무부하일 때 계자전류가 흐르지 않으므로 발전할 수 없다.

6 정격전압 6,000[V], 정격전류 450[A]인 3상 동기발전기가 있다. 이 발전기의 계자전류가 200[A]일 때 무부하 단자전압이 6,600[V]이고 3상 단락전류는 600[A]이면, 단락비는 얼마인가?

① 1/3

② 3/4

③ 4/3

④ 3

7 부하전류 50[A]일 때, 단자전압이 100[V]인 직류 직권 발전기의 부하전류가 80[A]로 되면 단자전압[V]은 얼마인가? (단, 전기자 저항 및 직권 계자 저항은 각 0.1[Ω]이고, 전기자 반작용과 브러시의 접촉 저항 및 자기 포화는 모두 무시한다.)

① 100

② 120

③ 140

④ 160

8 출력 전압이 직류 전압인 것은?

① 단상 인버터

② 초퍼형 컨버터

③ 사이클로 컨버터

④ 3상 인버터

9 3상 유도전동기의 전 전압 기동토크는 전부하시의 1.6배이다. 전 전압의 1/2로 기동할 때 기동토크는 전부하시의 몇 배인가?

① 0.4

② 0.5

③ 0.6

④ 0.8

---

5 직권발전기는 전기자 저항과 직렬로 계자권선이 연결되어 있기 때문에 무부하에서는 계자자속을 얻을 수가 없으므로 발전을 할 수 없다. 직권발전기는 부하가 증가하면 단자전압이 감소한다.

$E = V + I(R_a + R_s)[V]$

6 단락비는 단락전류를 정격전류로 나눈 값이다.

단락비가 크면 전압변동률이 낮아지고 전력계통에서 안정도가 높아지는 장점이 있다.

단락비 $K = \dfrac{I_s}{I_n} = \dfrac{600}{450} = \dfrac{4}{3}$

7 직류직권발전기 부하전류가 50[A]인 경우 단자전압이 100[V]이면

$E_{50} = V + I_a(R_f + R_a) = 100 + 50 \times 0.2 = 110[V]$

부하전류가 80[A]의 경우 부하전류와 유기기전력이 비례하므로

$50 : 110 = 80 : E_{80}$, $E_{80} = \dfrac{110 \times 80}{50} = 176[V]$

그러므로 이 때의 단자전압은 $V_{80} = E_{80} - 80 \times (0.1 + 0.1) = 176 - 16 = 160[V]$

8 인버터는 직류를 교류로 변환하는 기기이므로 출력이 교류이다.

사이클로 컨버터는 교류 주파수 변환기이다.

초퍼형 컨버터는 스위칭 사이의 정지시간의 주기를 조절하여 직류전압의 크기를 조절하는 장치이다.

9 유도전동기에서 토크는 전압의 제곱과 비례하므로

$T_s = 1.6T \Rightarrow 1.6 \times \dfrac{1}{4} T' = 0.4T'$

유도전동기의 기동법에 감압기동을 하는 것은 기동토크와 기동전류를 작게 하고자 함이다.

이 문제처럼 원래 기동토크가 전부하시의 1.6배나 되는 것인데, 전압을 낮추어 보다 용이하게 기동할 수 있는 것을 보여준다.

10 변압기의 손실, 효율과 전일 효율(all-day efficiency)에 대한 설명으로 옳은 것은?

① 동손과 철손이 같을 때 효율이 최소가 된다.

② 하루 중 전부하로 운전되는 시간이 짧을수록 전일 효율을 높이기 위해서는 전체 손실 중 철손의 비중이 적도록 설계해야 한다.

③ 1/2 정격 부하시의 철손은 전부하시 철손의 50[%]이다.

④ 1/2 정격 부하시의 동손은 전부하시 동손의 50[%]이다.

11 3상 동기발전기에서 권선 계수 k_w, 주파수 f[Hz], 극당 자속 $\varPhi$[Wb], 코일 턴수 w인 경우 Y 결선으로 하였을 때의 선간전압의 실효치[V]는?

① $4.44k_w f w \varPhi$

② $\sqrt{3} \times 4.44k_w f w \varPhi$

③ $\sqrt{3} \times 4.44k_w f w \varPhi$

④ $4.44k_w f w \varPhi / \sqrt{3}$

12 전압변동률 10[%]인 직류발전기의 정격전압이 100[V]일 때 무부하 전압[V]은?

① 10   ② 90

③ 100   ④ 110

13 출력 22[kW], 4극 60[Hz]인 권선형 3상 유도전동기의 전부하 회전속도가 1,710[rpm]으로 운전되고 있다. 같은 부하토크에서 유도전동기의 2차 저항을 2배로 하면 회전속도[rpm]는?

① 1,620   ② 1,650

③ 1,680   ④ 1,740

10 변압기의 효율은 1일 동안에 일정하지 않고 변동되는 것이 일반적이다. 전등용 배전변압기는 부하변동이 특히 더 심하다. 동손은 부하에 의해서 변하고 철손은 변동이 없는 것이므로 전일 효율을 높이려면 무부하손과 동손의 크기가 같게 하기 위해서 전부하 시간이 짧을수록 철손을 동손보다 적게 해야 한다.

1/2 정격부하시 철손은 전부하 철손과 같고, 동손은 전부하시에 비해서 25[%]이다.

11 유도기전력 $e = Blv[V]$, $B = B_m \sin\omega t [wb/m^2]$,

자극피치를 $\tau[m]$라고 하면 1사이클은 2τ이므로 1[Hz]가 된다.

속도 $v = 2\tau f[m/\sec]$

따라서 $e = Blv = 2\tau f l B_m \sin\omega t [V]$

자속밀도의 평균값 $B_a = \dfrac{2}{\pi} B_m [wb/m^2]$이고 자속 $\varnothing = B_a \tau l [wb]$이므로 $B_m = \dfrac{\pi \varnothing}{2\tau l}$을 대입하면

$$e = 2\tau f l B_m \sin\omega t = 2\tau f l \frac{\pi \varnothing}{2\tau l} \sin\omega t = \pi f \varnothing \sin\omega t [V]$$

최댓값 $E_m = \pi f \varnothing [V]$이므로 실횻값은 $E' = \dfrac{1}{\sqrt{2}} \pi f \varnothing = 2.22 f \varnothing [V]$

도체가 양쪽으로 자극피치만큼 떨어져서 감겨 있으며 두 권선의 기전력이 합하여 나타나므로

동기발전기의 1상당 유기기전력은 $E = 2E' = 4.44 f w \varnothing [V]$

여기에서 w는 직렬로 접속된 코일의 권수[turn]

문제에서 선간전압을 구하는 것이므로 Y결선에서 선간전압은 상전압의 $\sqrt{3}$ 배

$V = \sqrt{3} \times 4.44 f w \varnothing [V]$

12 전압변동률 $\dfrac{V_{20} - V_{2n}}{V_{2n}} \times 100 = 10[\%]$에서

무부하전압 $V_{20} = 100 \times 1.1 = 110[V]$

13 동기속도 $N_s = \dfrac{120f}{P} = \dfrac{120 \times 60}{4} = 1800[rpm]$

슬립 $s = \dfrac{1800 - 1710}{1800} \times 100 = 5[\%]$

권선형 유도전동기의 2차 저항을 2배로 하면 슬립도 2배가 되므로 슬립이 10[%]가 되어

회전속도는 $N = \dfrac{120f}{P}(1-s) = \dfrac{120 \times 60}{4}(1 - 0.1) = 1620[rpm]$

정답 및 해설 10.② 11.② 12.④ 13.①

14 전기기기의 운전 안정성을 위해 K-SC-4004로 규정된 절연 등급에 따른 최대 허용온도 등급이 온도의 오름차순으로 표현된 것은?

① F-E-B-H   ② E-B-F-H

③ H-F-E-B   ④ H-E-F-B

15 유도전동기의 명판에 표기되는 항목으로서 이를 정격용량에 곱한 값은 전압과 주파수가 명판에 지시된 값으로 유지되고 있을 때 전동기에 허용가능한 최대의 부하량을 나타내는 것은?

① 설계유형문자(design letter)

② 공칭효율(nominal efficiency)

③ 절연계급(insulation class)

④ 서비스율(service factor)

16 변압기의 1차측 권선이 240회이고 1차측 유도기전력의 실효치 240[V]을 발생시키는 50[Hz] 전원에 접속되어 있다고 할 때 철심 내의 정현파 자속의 최대치의 근삿값은?

① 4.5×10^{-3}[Wb]   ② 3.2×10^{-2}[Wb]

③ 7.1×10^{-5}[Wb]   ④ 3.2×10^{-1}[Wb]

17 동기발전기에서 출력전압의 주파수는 어떻게 결정되는가? (단, f_e = 전기적 주파수[Hz], n_m = 동기기 회전자의 기계적 속도[rpm], P = 극수)

① $f_e = \dfrac{n_m}{120P}$ ② $f_e = \dfrac{n_m P}{60}$

③ $f_e = \dfrac{n_m P}{120}$ ④ $f_e = \dfrac{n_m}{60P}$

18 보극이 없는 직류발전기는 부하의 증가에 따라 브러시의 위치를 어떻게 변화시켜 주어야 전기자 반작용에 의한 현상을 최소화할 수 있는가?

① 회전방향과 반대로 이동시킨다.

② 그대로 둔다.

③ 극의 중간에 놓는다.

④ 회전방향으로 이동시킨다.

---

14 전기기기의 허용온도 표시

A : 105[℃], E : 120[℃], B : 130[℃], F : 155[℃], H : 180[℃]

15 정격출력의 결정방법에서 부하가 늘 일정한 상태에서 운전하는 것으로 볼 수 없기 때문에 전동기의 정격을 결정할 때에는 전동기의 온도상승치가 규정치 이하가 되도록 하고, 부하의 최대치에도 견딜 정도의 기계적 강도를 가질 필요가 있다. 따라서 부하기계의 효율의 오차, 여유를 보아서 5~15[%] 정도 가산된 값을 정격출력으로 하는 것을 서비스율(service factor)이라고 한다.

16 변압기의 유도기전력

$E = 4.44fN\varnothing_m [V]$에서 $\varnothing_m = \dfrac{E_1}{4.44fN_1} = \dfrac{240}{4.44 \times 50 \times 240} = 4.5 \times 10^{-3}[wb]$

17 동기발전기의 동기속도

$n_m = \dfrac{120f}{P}[rpm]$ 이므로 주파수는 $f = \dfrac{n_m P}{120}[Hz]$

18 보극이 없는 직류발전기는 전기자 반작용으로 전기적 중성축이 회전자의 회전방향으로 이동하므로 브러시의 위치를 회전방향으로 이동하여야 한다. 브러시를 이동시키는 것은 정류작용에서 불꽃이 발생하지 않도록 하는 것이나 그만큼 단자전압이 감소하는 것이므로 보극을 사용하여 리액턴스전압을 유효하게 해소함으로 브러시를 이동하지 않는 것이 좋다.

정답 및 해설 14.② 15.④ 16.① 17.③ 18.④

19 자성재료가 가진 특성을 나타내는 용어로서 자화(Magnetization)시킬 수 있는 정도를 비교할 수 있는 기준으로 사용할 수 있는 것은?

① 도전율

② 비유전율

③ 비투자율

④ 저항률

20 동기전동기의 여자전류를 변경하는 경우에 대한 설명으로 옳지 않은 것은?

① 역률 1로 운전되고 있을 때 여자전류를 감소시키는 경우 전원측에서 보면 동기전동기는 유도성 부하이다.

② 역률 1로 운전되고 있을 때 여자전류를 증가시키는 경우 동기전동기에는 앞선 전류가 흐른다.

③ 부하가 일정할 때 여자전류와 단자전압과의 관계를 그린 것을 동기전동기의 V곡선이라 한다.

④ 여자전류 변경을 통해 동기전동기의 역률 제어가 가능하다.

19 투자율(permeability)은 어떤 매질이 주어진 자기장에 대하여 얼마나 자화하는지를 나타내는 값이다. 투자율은 주파수나 온도에 대한 영향이 거의 없는 편이며 도체를 비롯한 대부분의 물질의 상대투자율 값은 거의 1에 가깝다. 투자율은 물질의 종류에 따라 정해지는데 반자성체나 상자성체에서는 1에 가까운 반면, 철, 니켈, 코발트 등 강자성체에서는 높은 값을 나타낸다.

20 동기전동기의 여자전류를 변경하는 경우 V특성은 전기자전류와 계자전류(여자전류)의 관계를 나타낸 것이다. 무부하로 사용되는 동기전동기는 조상설비로서 전력계통에서 무효전력을 조정하여 전압을 조정하는 설비이다. 역률 1로 운전되고 있을 때 여자전류를 감소시키면 리액터로 동작을 하여 페란티효과를 방지한다, 또한 역률 1로 운전되고 있을 때 여자전류를 증가시키면 콘덴서로 작용을 하여 위상을 앞서게 하고 전기자 전류도 증가를 한다. 이를 통해서 역률을 제어한다.

정답 및 해설 19.③ 20.③

1 유도전동기에서 동기속도와 극수의 관계에 대한 설명으로 옳은 것은?

① 동기속도는 극수의 제곱에 비례한다.

② 동기속도는 극수에 비례한다.

③ 동기속도는 극수에 무관하게 일정하다.

④ 동기속도는 극수에 반비례한다.

2 양방향으로 전류가 흐를 수 있도록 SCR 2개를 역병렬로 접속한 것과 동일한 기능의 전력용 반도체 소자는?

① TRIAC   ② GTO
③ MOSFET   ④ IGBT

3 직류전동기 가변속 구동을 통해 몇 가지의 운전특성 곡선을 얻었다. 지금 속도를 N_1에서 N_2로 변경하였을 때 전력공급량이 가장 적게 변화하는 곡선은?

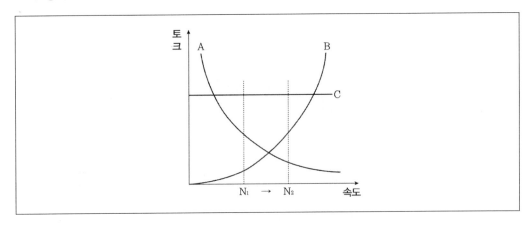

① 곡선 A   ② 곡선 B
③ 곡선 C   ④ 모두 같음

4 3상, 4극, 60 [Hz]인 동기발전기에서 회전자의 주변 속도[m/s]는? (단, 회전자의 지름은 1 [m]이며, $\pi = 3$으로 계산한다)

① 45

② 90

③ 2,700

④ 5,400

5 단상변압기에서 2차측 단자전압이 무부하일 때 220 [V]이고 정격 부하일 때 200 [V]이라면, 전압변동률[%]은?

① 5

② 10

③ 15

④ 20

---

1 유도전동기의 속도

$N = \dfrac{120f}{P}(1-s)[rpm]$ 이므로 속도는 극수에 반비례한다.

2 TRIAC (triode AC switch)은 쌍방향성 3단자 사이리스터(thyristor)를 말한다. 사이리스터를 2개 역병렬로 접속한 것과 같은 작용을 하는 것으로 교류 회로의 무접점 스위치 소자로 사용한다. 그 이름은 3극(Triode)으로 교류(AC)전력을 제어한다는 의미에서 유래한다.

그 전기적 특성은 SSS와 같지만, TRIAC에는 게이트가 있고, 또한 (+)(−) 어떤 극성의 게이트 신호라도 트리거된다는 특성을 가지고 있으므로, 제어 회로가 간단하고 부품 수도 적게 든다. 이 때문에 교류 전력제어에 더 적합한 소자라 할 수 있다.

3 그림은 속도, 토크 특성 곡선으로 A는 직류직권전동기의 특성이다. 토크의 증가에 따라 속도가 급격히 변한다. B는 속도가 증가하면서 토크가 급격히 증가하는 곡선이며 부하의 제곱토크 특성에 해당된다. C는 정토크 특성으로 속도와 출력이 비례하는 특성이 된다.

A는 정출력 특성으로 출력이 일정하므로 전력공급량이 가장 적다.

4 동기발전기의 회전자의 주변속도

$v = \pi D \dfrac{N}{60} = 3 \times 1 \times \dfrac{1800}{60} = 90[m/s]$

5 전압변동률 $\epsilon = \dfrac{V_0 - V_n}{V_n} \times 100 = \dfrac{220 - 200}{200} \times 100 = 10[\%]$

정답 및 해설 1.④ 2.① 3.① 4.② 5.②

6 두 대의 직류발전기가 병렬운전 중일 때, 발전기 A에 흐르는 전기자 전류 I_A [A]는? (단, 두 전기자 전류 사이에는 $I_B = 2\,I_A$의 관계가 있다)

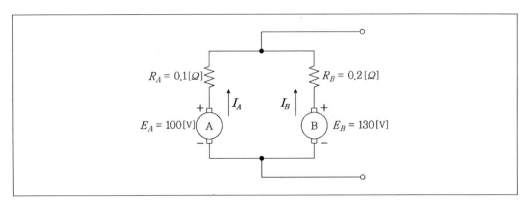

① 100
② 200
③ 300
④ 400

7 철손 2 [kW]인 변압기가 하루 중에 무부하로 4시간, 1/2 정격 부하로 10시간, 그리고 정격부하로 10시간 동안 운전되었다면, 하루 중 발생되는 손실의 총량[kWh]은? (단, 정격부하에서 동손은 4 [kW]이다)

① 78
② 88
③ 98
④ 108

8 변압기의 2차측에 연결된 부하 3 + j4 [Ω]에 전압 200 [V]의 1차측 전원에서 300 [W]의 전력을 공급할 경우, 이 변압기의 권선비는? (단, 변압기는 이상적인 것으로 가정한다)

① 1
② 2
③ 4
④ 16

9 브러시리스 직류(BLDC) 전동기의 특징으로 옳지 않은 것은?

① 홀 소자 등을 사용하여 회전자 위치의 검출이 필요하다.

② 고정자 권선으로 2상, 3상, 4상 권선 등이 사용된다.

③ 구조가 간단하고 보수가 필요 없다.

④ 전압의 극성변환을 위해 정류자를 사용한다.

---

6 병렬운전이면 양 발전기는 유기기전력이 같다.

$$E_A - I_A R_A = E_B - I_B R_B$$

$$100 - 0.1 I_A = 130 - 2 I_A \times 0.2 \text{에서}$$

$$I_A = 100[A]$$

7 변압기의 손실은 철손+동손이다.

$$\text{손실전력량}[KWH] = \text{철손} + \text{동손} = 2 \times 24 + [4 \times (\frac{1}{2})^2 \times 10 + 4 \times 1^2 \times 10] = 98[KWH]$$

8 이상적 변압기는 1차와 2차 간에 전력의 크기는 변함이 없으므로

2차측에서 $P = \dfrac{V_2^2 R_2}{R_2^2 + X_2^2} = \dfrac{V_2^2 \times 3}{3^2 + 4^2} = 300[W]$ 에서 $V_2 = 50[V]$

그러므로 권선비, 즉 전압비는 $a = \dfrac{V_1}{V_2} = \dfrac{200}{50} = 4$

9 BLDC(Brushless DC) 전동기란 브러시가 없는 직류 전동기이다.
BLDC 전동기를 사용하면 우선 브러시로 인한 스파크와 소음이 없어져 반영구적인 전동기의 수명뿐만 아니라 배터리의 효율이 좋아진다.
BLDC 전동기는 철심에 코일이 감긴 고정자(stator)와 안쪽에 자석이 부착된 케이스로 구성되어 있고 정류자를 사용하지 않는다.
일반적으로 산업용으로 사용되는 BLDC 전동기는 엔코더(encoder)라는 장치나 홀센서(Hall sensor)가 전동기에 부착되어 회전자의 현재 위치를 알 수 있다.

정답 및 해설 6.① 7.③ 8.③ 9.④

10 전동기 제어를 위한 전력변환기기의 설명으로 옳지 않은 것은?

① 직류를 교류로 변환하는 인버터는 유도전동기의 가변속 제어에 적합하다.

② 직류를 직류로 변환하는 초퍼는 직류전동기의 속도 제어에 적합하다.

③ 교류를 교류로 변환하는 사이클로컨버터는 교류전동기의 속도 제어에 적합하다.

④ 교류를 직류로 변환하는 다이오드 정류회로는 직류전동기의 속도 제어에 적합하다.

11 3상 유도전동기에서 슬립(slip)이 커지면 이에 비례하여 증가하는 것은?

① 고정자 저항

② 회전속도

③ 2차 주파수

④ 권선비

12 직류기에서 전기자의 권선법에 대한 설명으로 옳지 않은 것은?

① 단중 중권에서 병렬회로의 수는 극수와 같다.

② 단중 중권에서 브러시의 수는 극수와 같다.

③ 단중 파권의 경우 저전압 및 대전류용으로 적합하다.

④ 단중 파권에서는 균압선 접속이 필요하지 않다.

13 3상 전압에서 6상 전압으로 변환시키는 변압기의 결선법이 아닌 것은?

① 환상 결선　　　　　　　　② 스코트 결선

③ 대각 결선　　　　　　　　④ 포크 결선

14 정격전압 200 [V], 정격출력 100 [kW], 정격속도 1,500 [rpm]인 직류 분권발전기에서 전기자 회로의 저항이 0.05 [Ω]이고 계자회로의 저항이 50 [Ω]일 경우, 정격 운전시의 계자전류를 2 [A]로 하기 위하여 계자회로에 삽입해야 할 외부 저항[Ω]은?

① 25

② 50

③ 75

④ 100

---

10 다이오드는 교류를 직류로 변환하는 전력변환기기이다.
직류전동기의 속도제어방식은 전기적 방법과 기계적 방법이 있으며 전기적 제어방식으로 전압제어방식, 계자제 어방식, 저항제어방식 등이 있고 다이오드를 사용하지 않는다.

11 유도전동기에서 슬립이 커지면 회전 속도가 낮아지고 토크는 커진다.
2차 주파수 $f_2 = sf_1$ 이므로 슬립이 커지면 2차 주파수도 증가한다.

12 파권에서는 각 코일의 접속을 따라가면 중권과는 달리 기전력의 방향이 변하는 점이 2부분이다. 따라서 브러시 는 한 쌍의 +, – 브러시만으로 2개로도 좋고 또는 극수만큼 두어도 상관이 없다. 전압은 고전압이 걸리고 소 전류가 흐른다. 균압결선은 필요하지 않다.

13 전력은 보통 3상교류로 공급되지만 부하의 종류에 따라서 3상이 불편한 경우가 있다.
예를 들어 단상교류전기철도에서 전원은 3상이고 사용을 단상으로 하기 때문에 3상 간에 부하불평형이 발생한 다. 이것을 해소하기 위해서 3상을 2개의 단상으로 공급하는 방식이 스코트 결선이다.

14 직류분권발전기
정격전압이 200[V], 계자회로 저항 $R_f = 50[\Omega]$ 이면 계자전류는
$V = I_f R_f = 200[V]$, $I_f = 4[A]$
계자전류를 2[A]로 하려면 계자저항이 $R_f = 100[\Omega]$ 이 되어야 하므로 외부에서 $R_f = 50[\Omega]$ 을 삽입해야 한다.

15 운전 중인 3상 유도전동기를 회생제동으로 전환하고자 할 때 옳은 것은?

① 고정자 주파수 변동 없이 고정자 전압의 인가 순서를 바꾼다.

② 동일한 고정자 주파수를 인가한다.

③ 높은 고정자 주파수를 인가한다.

④ 낮은 고정자 주파수를 인가한다.

16 단상 100 [V]의 교류전원을 다이오드 브리지로 전파정류할 경우 직류측 평균 전압[V]은? (단, 브리지의 다이오드 전압강하와 전원 임피던스는 모두 무시한다)

① 70

② 90

③ 100

④ 120

17 동기전동기에 대한 V곡선을 나타낸 것으로 옳은 것은?

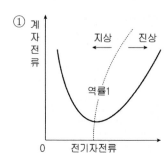

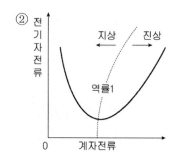

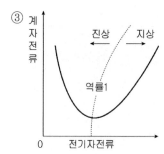

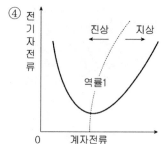

18 동기기에서 단락비를 구하기 위해 필요한 시험으로 옳은 것은?

① 단락회로시험과 개방회로시험

② 극성시험과 온도상승시험

③ 직류시험과 개방회로시험

④ 단락회로시험과 구속시험

---

15 회생제동이란 제동 시 발생하는 전력을 다시 전원으로 회수하는 제동방식을 말한다. 따라서 주파수를 상용주파수로 낮게 해야 한다.

16 단상 100[V] 교류전원을 정류할 경우 전파정류는 90[%], 반파정류 45[%]가 된다.

정류를 하면 평균값이 되는 것이므로 $V_d = \dfrac{2}{\pi} V_m = \dfrac{2\sqrt{2}}{\pi} V = 0.9\,V = 100 \times 0.9 = 90[V]$

17 동기전동기의 V특성은 계자전류를 증가시킴에 따라 역률1의 점선에서 오른쪽은 진상회로가 되고 전기자 전류는 증가하며, 왼쪽으로 갈수록 지상으로 되고 전기자전류가 증가한다는 것이다. 따라서 진상회로가 된다는 것은 전력용 콘덴서와 같은 역할을, 지상회로가 된다는 것은 분로리액터와 같은 역할을 해서 전력계통의 조상설비로 사용한다.

18 동기기의 단락비가 동기기특성에 중요한 것은 단락비가 크면 전압변동률이 낮아 안정도가 크기 때문이다.

단락비 $K = \dfrac{I_s}{I_n} = \dfrac{100}{\%Z}$ 에서 단락전류는 무부하포화곡선(개방회로시험)에서, 정격전류는 단락곡선에서 얻는다.

단락비 K의 값은 수차나 엔진발전기에서 0.9 ~ 1.2, 터빈발전기에서 0.6 ~ 1.0 정도가 된다.

정답 및 해설 15.④ 16.② 17.② 18.①

19 200 [V], 60 [Hz], 4극, 20 [kW]인 3상 유도전동기에서 회전자의 회전속도가 1,710 [rpm]일 경우 2차 효율[%]은?

① 85

② 90

③ 95

④ 100

20 교류전원 $v_S(t) = \sqrt{2}\, V_S \sin\omega t$ [V]이 연결된 정류회로에서 다이오드 D_1에 걸리는 전압 $v_{D_1}(t)$의 최대 역전압(Peak Inverse Voltage)의 크기[V]는? (단, 부하 R의 한 쪽 단자는 변압기 2차측 권선의 중간 탭에 연결되어 있고, 다이오드와 변압기는 이상적이라고 가정한다)

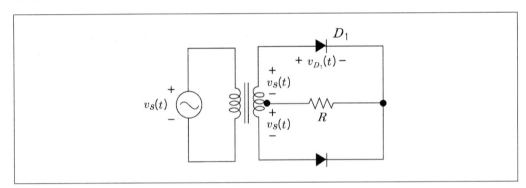

① $\sqrt{2}\, V_S$

② $2\sqrt{2}\, V_S$

③ $3\sqrt{2}\, V_S$

④ $4\sqrt{2}\, V_S$

19 동기속도 $N_s = \dfrac{120f}{P} = \dfrac{120 \times 60}{4} = 1800[rpm]$

슬립 $\quad s = \dfrac{N_s - N}{N_s} = \dfrac{1800 - 1710}{1800} = 0.05$

$\eta = 1 - s = 1 - 0.05 = 95[\%]$

20 최대역전압은 직류전압의 π배이므로

$PIV = \pi V_d = \pi \times \dfrac{2\sqrt{2}\,V_s}{\pi} = 2\sqrt{2}\,V_s$

정답 및 해설 19.③ 20.②

1 1차측 권선이 50회, 전압 444[V], 주파수 50[Hz], 정격용량이 50[kVA]인 변압기가 정현파 전원에 연결되어 있다. 철심에서 교번하는 정현파 자속의 최댓값은?

① 0.03Wb

② 0.04Wb

③ 0.05Wb

④ 0.06Wb

2 직류 분권발전기의 전기자저항이 0.2[Ω], 계자저항이 50[Ω], 전기자전류가 50[A], 유도기전력이 210[V]일 때 부하출력은?

① 8.6kW

② 9.2kW

③ 9.8kW

④ 10.4kW

3 농형 유도전동기와 권선형 유도전동기에 대한 설명으로 가장 옳지 않은 것은?

① 권선형 유도전동기는 소형 및 중형에 널리 사용된다.

② 농형 유도전동기는 취급이 쉽고 효율이 좋다.

③ 농형 유도전동기는 구조가 간단하다.

④ 권선형 유도전동기는 속도 조절이 용이하다.

4 극수가 8극이고 회전수가 900[rpm]인 동기발전기와 병렬 운전하는 동기발전기의 극수가 12극이라면 회전수는?

① 400rpm

② 500rpm

③ 600rpm

④ 700rpm

1 변압기 유도기전력

$E = 4.44fN\varnothing_m \, [V]$

$\varnothing_m = \dfrac{E}{4.44fN} = \dfrac{444}{4.44 \times 50 \times 50} = 0.04 \, [wb]$

2 직류 분권발전기

발전기 출력 $P_g = EI_a = 210 \times 50 = 10500 = 10.5 \, [KW]$

단자전압 $V = E - I_a R_a = 210 - 50 \times 0.2 = 200 \, [V]$, 계자전류는 $V = I_f R_f = 200 \, [V]$이므로

$I_f = \dfrac{V}{R_f} = \dfrac{200}{50} = 4 \, [A]$.

부하전류 $I = I_a - I_f = 50 - 4 = 46 \, [A]$

부하출력 $P = VI = (210 - 50 \times 0.2) \times (50 - 4) = 9200 = 9.2 \, [KW]$

3 농형 유도전동기는 중·소형 기기에 적용을 하고, 권선형 유도전동기는 대형에 적용한다.
농형 유도전동기는 회전자의 구조가 간단하고 튼튼하며 취급하기 쉽고, 운전 중일 때의 성능은 우수하나 기동할 때의 성능은 뒤떨어진다.

4 동기발전기의 동기속도

$N_s = \dfrac{120f}{P} \, [rpm]$

$120f = N_s P = 900 \times 8 = x \times 12$

$x = 600 \, [rpm]$

정답 및 해설 1.② 2.② 3.① 4.③

5 60[Hz], 6극, 15[kW]인 3상 유도전동기가 1,080[rpm]으로 회전할 때, 회전자 효율은? (단, 기계손은 무시한다.)

① 80%　　　　　　　　　　　　　　② 85%

③ 90%　　　　　　　　　　　　　　④ 95%

6 3상권선에 의한 회전자계의 고조파성분 중 제7고조파에 대한 설명으로 가장 옳은 것은?

① 기본파와 반대 방향으로 7배의 속도로 회전한다.

② 기본파와 같은 방향으로 7배의 속도로 회전한다.

③ 기본파와 반대 방향으로 1/7배의 속도로 회전한다.

④ 기본파와 같은 방향으로 1/7배의 속도로 회전한다.

7 그림과 같이 DC-DC 컨버터의 듀티비가 D일 때, 출력전압은? (단, 인덕터 전류는 일정하며, 커패시터의 값은 출력전압의 리플을 무시할 수 있을 정도로 크다고 가정한다.)

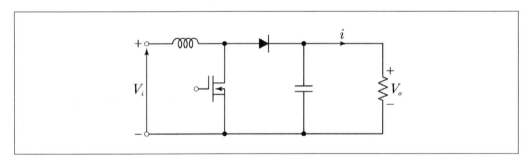

① $V_o = DV_i$　　　　　　　　　② $V_o = \dfrac{1}{1-D} V_i$

③ $V_o = \dfrac{D}{1-D} V_i$　　　　　④ $V_o = \dfrac{1}{D} V_i$

5 유도전동기의 슬립을 구한다.

동기속도 $N_s = \dfrac{120f}{P} = \dfrac{120 \times 60}{6} = 1200[rpm]$

슬립 $s = \dfrac{1200 - 1080}{1200} \times 100 = 10[\%]$

효율 $\eta = 1 - s = 1 - 0.1 = 0.9, \quad 90[\%]$

6 3상유도전동기 고정자속에는 공간고조파가 포함되는 일이 있다.

h를 고조파차수, m을 상수, n을 정수라고 할 때 $h = 2nm \pm 1$

+일 때 3상 n=1이면 7고조파, n=2이면 13고조파 등은 기본파와 같은 방향의 회전자계

−일 때 3상 n=1이면 5고조파, n=2이면 11고조파 등은 기본파와 반대 방향의 회전자계

$h = 2nm$에서는 회전자계가 발생하지 않는다.

3고조파는 1사이클 내에 회전수가 3배로 늘지만 크기는 1/3으로 감소한다.

그러므로 7고조파는 회전자계가 기본파와 같은 방향이고 속도는 1/7이다.

7 그림은 부스트 컨버터의 기본회로이다. 스위치를 도통 상태로 하면 회로가 단락이 되므로 입력전압에 의하여 인덕터 L에 에너지가 축적되고 다이오드에 흐르던 전류는 차단된다.

이 때 출력측에서는 C에 축적된 전하가 부하저항을 통해서 방전되므로 $V_0[V]$ 전압이 발생한다. 다음 순간에 스위치를 열면 L에 축적된 에너지가 다이오드를 통해서 출력측으로 방출된다. 이와 같이 스위치 on, off의 도통시간과 차단시간의 비율을 조정하여 원하는 직류 출력전압을 얻는 것이다. 주기를 T_s라고 할 때 DT_s 구간은 도통 상태, $(1-D)T_s$는 차단 상태.

D는 컨버터의 듀티비(duty ratio) 부스트 컨버터의 출력전압은 $V_0 = \dfrac{1}{1-D} V_i [V]$가 되며 D가 항상 1보다 작으므로 출력전압은 입력전압보다 커지게 된다. (참고 : 벅 컨버터는 $V_0 = DV_i [V]$로 출력전압이 입력전압보다 항상 작다.)

8 Δ결선 변압기 중 단상 변압기 1개가 고장나 V결선으로 운전되고 있다. 이때 V결선된 변압기의 이용률과 Δ결선 변압기에 대한 V결선 변압기의 2차 출력비는? (단, 부하에 의한 역률은 1이다.)

변압기 이용률   2차 출력비

① $\dfrac{\sqrt{3}}{2}$ $\dfrac{1}{\sqrt{3}}$

② $\dfrac{1}{\sqrt{3}}$ $\dfrac{\sqrt{3}}{2}$

③ $\sqrt{\dfrac{2}{3}}$ $\dfrac{1}{\sqrt{3}}$

④ $\dfrac{\sqrt{3}}{2}$ $\sqrt{\dfrac{2}{3}}$

9 동기발전기 출력이 400[kVA]이고 발전기의 운전용 원동기의 입력이 500[kW]인 경우 동기발전기의 효율은? (단, 동기발전기의 역률은 0.9이며, 원동기의 효율은 0.8이다.)

① 0.72   ② 0.81

③ 0.90   ④ 0.92

10 계기용 변성기에 대한 설명으로 가장 옳은 것은?

① 계기용 변성기는 고전압이나 대전류를 측정하기 위하여 1차 권선과 2차 권선의 임피던스 강하를 최대한 높여야 한다.

② 계기용 변성기는 변압비와 변류비를 정확하게 하기 위하여 철심재료의 투자율이 큰 강판을 사용해 여자전류를 적게 한다.

③ 계기용 변성기 중 P.T는 1차측을 측정하려는 회로에 병렬로 접속하고 2차측을 단락하여 피측정회로의 전압을 측정한다.

④ 계기용 변성기 중 C.T는 1차측을 측정하려는 회로에 직렬로 접속하고 2차측을 개방하여 피측정회로의 전류를 측정한다.

8 변압기의 V결선과 △결선의 비교

ⓐ 출력비 (V_p: 상전압, I_p: 상전류)

$$\frac{P_V}{P_\triangle} = \frac{\sqrt{3}\,V_p I_p}{3 V_p I_p} = \frac{1}{\sqrt{3}} = 0.57$$

ⓑ 변압기 이용률 : 변압기 2대에서 3상출력

$$\frac{P_V}{2P_1} = \frac{\sqrt{3}\,P_1}{2P_1} = 0.866 \quad 변압기의 용량의 86.6[\%]만 사용할 수 있다.$$

9 동기발전기의 효율

$$\eta = \frac{동기발전기의 출력}{원동기의 입력} = \frac{400[KVA] \times 0.9}{500[Kw] \times 0.8} = \frac{360[Kw]}{400[Kw]} = 0.9$$

10 고압회로의 전압, 전류 또는 저압회로의 큰 전류를 측정하기 위하여 계기용 변성기를 사용한다. 계기용 변성기에는 계기용 변압기(PT)와 계기용 변류기(CT)가 있으며 2차측 부하는 계기(전압계, 전류계)나 계전기(Relay)이다. PT,CT는 모두 1차측 회로에 병렬로 접속을 한다.

ⓐ 계기용 변압기 : 전압계의 내부저항은 매우 크기 때문에 변압기 2차측은 개방상태와 다름없다. 계기용 변압기는 사용 중에 절대로 단락해서는 안 된다.

ⓑ 계기용 변류기 : 변류기의 사용 중에 2차측을 개방해서는 절대로 안 된다. 전류계가 부착된 상태에서 전류계 내부저항이 작으므로 단락상태와 다름없기 때문이다. 따라서 전류계가 고장이 나서 2차회로를 열어야 하는 경우에는 먼저 2차회로를 단락시켜 놓은 후 교체해야 한다.

변성기의 특성을 좋게 하고 측정오차를 적게 하기 위해서는 철심에 비투자율이 크고 철손이 작은 재료를 사용해야 한다. 또한 단면적을 크게 해서 자속밀도를 낮게 하여 여자전류를 작게 한 것과 권선의 저항 및 누설리액턴스를 적게 할 필요가 있다.

정답 및 해설 8.① 9.③ 10.②

11 직류발전기의 전기자반작용에 대한 설명으로 가장 옳지 않은 것은? (단, 무부하 시의 중성축을 기하학적 중성축이라 한다.)

① 전기자반작용 자속은 기하학적 중성축을 회전방향으로 이동시키고 부하전류가 증가함에 따라 이동각도가 증가한다.
② 전기자반작용에 의하여 기하학적 중성축에 위치한 브러시에 불꽃이 발생한다.
③ 전기자반작용에 의하여 공극자속이 감소하기 때문에 유도기전력이 감소한다.
④ 전기자반작용에 의한 기자력과 같은 크기로 전기적으로 90° 위상이 되도록 보상권선의 기자력을 만들면 전기자반작용은 상쇄된다.

12 3상 12극 동기발전기의 총 슬롯수가 72개일 때, 권선의 기본파에 대한 분포권계수는? (단, $\sin\dfrac{\pi}{12} = 0.26$, $\sin\dfrac{\pi}{6} = 0.5$이다.)

① 0.86
② 0.90
③ 0.96
④ 1.00

13 4극, 800[W], 220[V], 60[Hz], 1,530[rpm]의 정격을 갖는 3상 유도전동기가 축에 연결된 부하에 정격출력을 전달하고 있다. 이때 공극을 통하여 회전자에 전달되는 2차측 입력은? (단, 전동기의 풍손과 마찰손 합은 50[W]이며, 2차 철손과 표유부하손은 무시한다.)

① 950W
② 1,000W
③ 1,050W
④ 1,100W

11 직류발전기에 부하를 접속하면 전기자권선에 전류가 흐른다. 전기자권선에 전류가 흘러서 생긴 기자력은 계자가 발생한 자속에 영향을 주어 자속의 분포가 일그러지고, 유효자속의 크기가 감소하게 된다. 이런 현상이 전기자 반작용이다. 전기자 반작용은 기하학적 중성축을 발전기의 회전방향으로 이동시키고 부하전류가 클수록 이동 각도는 커진다. 기하학적 중심축이 브러시와 맞지 않으면 정류에서 불꽃이 생기는 문제가 있어서 브러시를 전기적 중성축으로 이동하게 된다. 이에 대한 대책으로 전기자권선에서 발생하는 기자력을 감쇄 시키기 위해서 계자표면에 보상권선을 설치한다. 보상권선은 전기자 전류와 반대방향으로 전류를 흘리게 되므로 위상차가 $180°$이다.

12 분포권은 집중권에 대해서 파형을 좋게 하고 누설리액턴스를 감소시킬 목적으로 적용한다.

분포계수 $K_d = \dfrac{\sin \dfrac{\pi}{2m}}{qsin\dfrac{\pi}{2mq}} = \dfrac{\sin\dfrac{\pi}{2\times3}}{2\sin\dfrac{\pi}{12}} = \dfrac{1}{4\sin\dfrac{\pi}{12}} = 0.96$

분포계수가 0.96이라는 것은 유기기전력이 96[%]로 조금 감소한다는 의미이다.

매극매상당 슬롯수 $q = \dfrac{총 슬롯수}{상수\times극수} = \dfrac{72}{3\times12} = 2$

13 유도전동기의 슬립을 구하면

$N_s = \dfrac{120f}{P} = \dfrac{120\times60}{4} = 1800[rpm]$

슬립 $s = \dfrac{1800-1530}{1800}\times100 = 15[\%]$

유도전동기의 효율은 $\eta = 1-s = 1-0.15 = 0.85$

유도전동기의 출력은 $P_0 = 800[W] + 50[W] = 850[W]$

$\eta = \dfrac{출력}{입력} = \dfrac{P_0}{P_2} = 0.85, \ P_2 = \dfrac{850}{0.85} = 1000[W]$

정답 및 해설 11.④ 12.③ 13.②

14 다음과 같이 돌극형 회전기기에서 회전자가 1회전 하였을 때 코일의 상호인덕턴스 변화는? (단, 그림의 회전자 위치에서 회전을 시작한다.)

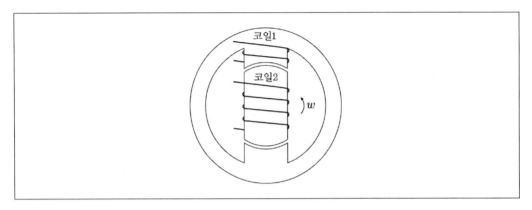

①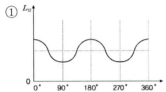

②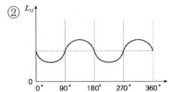

③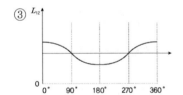

④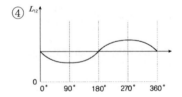

14 그림의 돌극형 회전기기는 2극형이기 때문에 1주기가 2π이다. 따라서 보기 중에 ①, ②는 답이 될 수 없다. 지금 그림의 상태처럼 코일1과 코일2가 일직선일 때가 상호인덕턴스가 가장 크기 때문에 0°에서 최대인 것을 찾으면 된다.

15 다음은 계자저항 $2.5[\Omega]$, 전기자저항 $5[\Omega]$의 직류 분권발전기의 무부하 특성곡선에서 전압 확립 과정을 나타낸다. 초기 전기자의 잔류자속에 의한 유도기전력 E_r이 $15[V]$라면, 그림에서의 계자전류 I_{f2}는? (단, 계자의 턴수는 100턴, 계자전류 I_{f1}에 의한 계자자속 시간변화율은 $0.075[Wb/sec]$이다.)

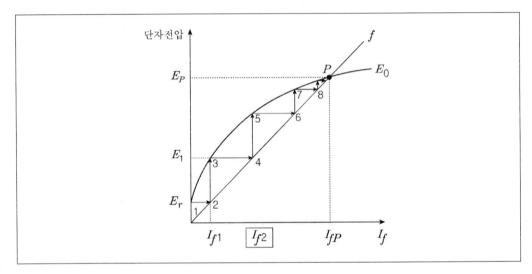

① 2.1A

② 2.5A

③ 3.0A

④ 4.0A

16 다음은 3상 4극 60[Hz] 유도전동기의 1상에 대한 등가회로이다. 2차 저항 r_2는 $0.02[\Omega]$, 2차 리액턴스 x_2는 $0.1[\Omega]$이고 회전자의 회전속도가 1,710[rpm]일 때, 등가부하저항 $R_L{}'$은? (단, 권선비 $\alpha = 4$, 상수비 $\beta = 1$이다.)

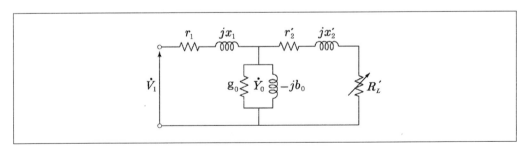

① 0.38Ω

② 1.52Ω

③ 5.12Ω

④ 6.08Ω

15 그림은 직류분권발전기가 무부하에서 어떻게 전압을 확립하는지를 보여준다.

잔류자속에 의해서 E_r의 기전력이 발생하고, 증가된 여자전류는 더 큰 기전력을 만들어 나간다. 초기에 무부하 유도기전력은 15[V]이므로

$E_r = (R_f + R_a)I_f = (2.5 + 5)I_f = 15[V]$에서 발전기회로를 흐르는 전류는 계자전류밖에 없고 $I_f = 2[A]$이다.

계자전류가 커지면 자속이 증가하고 기전력이 증가하므로

$E = N\dfrac{\partial\varnothing}{\partial t} = 100 \times 0.075 = 7.5[V]$

따라서 기전력은 $E_1 = E_r + E = 15 + 7.5 = 22.5[V]$

$I_{f2} = \dfrac{22.5}{R_f + R_a} = \dfrac{22.5}{2.5 + 5} = 3[A]$

16 등가 부하저항은 기계적인 출력을 대표하는 부하저항이다.

유도전동기에서 출력 $P_0 = 2$차입력 $-$ 손실(동손) $= P_2 - P_{c2} = P_2 - r_2 I_2^2 [W]$

$s = \dfrac{\text{동손}}{2\text{차입력}} = \dfrac{r_2}{P_2}I_2^2$, $\quad P_2 = \dfrac{r_2}{s}I_2^2[W]$

$P_0 = P_2 - r_2 I_2^2 = \dfrac{1}{s}r_2 I_2^2 - r_2 I_2^2 = r_2(\dfrac{1-s}{s})I_2^2[W]$이므로 등가부하저항은 $r_2(\dfrac{1-s}{s})$로 되는 것이다.

문제에서 3상 4극 유도전동기가 회전속도 1710[rpm]이라고 했으므로

동기속도와 슬립을 구하면

$N_s = \dfrac{120f}{P} = \dfrac{120 \times 60}{4} = 1800[rpm]$

$s = \dfrac{1800 - 1710}{1800} \times 100 = 5[\%]$

부하측 등가저항은 $R_e = r_2(\dfrac{1-s}{s}) = 0.02(\dfrac{1-0.05}{0.05}) = 0.38[\Omega]$

유도전동기의 회로를 등가회로로 고칠 때에는 변압기의 경우와 같이 1차측으로 환산을 해야 하므로 이점에 특별히 유의해야 한다.

$R_L' = \alpha^2 R_e = 4^2 \times 0.38 = 6.08[\Omega]$

정답 및 해설 15.③ 16.④

17 변압기의 결선방법 중 △-△결선의 특징으로 가장 옳지 않은 것은?

① 고장 시 V-V 결선으로 송전을 지속할 수 있다.

② 상에는 제3고조파 전류를 순환하여 정현파 기전력을 유도한다.

③ 중성점을 접지할 수 없다.

④ 고전압 계통의 송전선로에 유리하다.

18 다음은 4극, 정격 200[V], 60[Hz]인 3상 유도전동기의 원선도이다. 이 전동기가 P점에서 운전 중일 때 슬립과 동기와트 각각의 값은? (단, $\overline{Pa}=80\text{mm}$, $\overline{ab}=20\text{mm}$, $\overline{bc}=12\text{mm}$, $\overline{cd}=18\text{mm}$이며, 전류척도 1A는 10mm이다.)

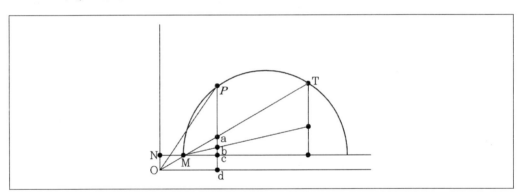

① 0.2, $2\sqrt{3}$ kW

② 0.02, $20\sqrt{3}$ kW

③ 0.02, $2\sqrt{3}$ kW

④ 0.2, $20\sqrt{3}$ kW

17 변압기 △ - △결선방식

  ⊙ 단상 변압기 중 한 대가 고장일 때에 고장난 것을 제거하고 2대로 V결선으로 해서 송전을 계속할 수 있다.

  ⓒ 3고조파 전압은 각 상이 동위상이므로 권선 안에서는 순환전류가 흐르지만 외부에는 흐르지 않으므로 통신유도장해의 염려가 없다.

  ⓒ 중성점을 접지할 수 없으며 이상전압 방지가 어려우므로 낮은 전압에 적용한다.(주로 22[KV] 이하의 배전변압기)

18 원선도는 유도전동기에 실제 부하를 걸지 않고 여러 가지 부하상태에서 특성을 그림상에서 구하는 방법이다. 3상 유도전동기의 원선도를 그리려면 무부하시험, 구속시험 및 고정자권선의 저항측정 등의 시험을 하여야 한다.

지금 원선도의 그림에서 전동기가 P점에서 운전 중일 때 $\overline{Pa}$는 출력, $\overline{ab}$는 2차동손, $\overline{bc}$는 1차동손, $\overline{cd}$는 철손을 각각 나타낸다.

슬립 $s = \dfrac{2차동손}{2차입력} = \dfrac{P_{c2}}{P_2} = \dfrac{\overline{ab}}{\overline{Pa}+\overline{ab}} = \dfrac{20[mm]}{80[mm]+20[mm]} = 0.2$

또한 원선도에서 임의의 전류 $I_1[A]$일 때 1상의 입력은

$V_1 I_1 \cos\theta_1 = V_1 \overline{Pd} = V_1(\overline{Pa}+\overline{ab}+\overline{bc}+\overline{cd}) = P_0 + P_{c2} + P_{c1} + P_i$

P_2가 100[mm]이므로 전류척도 1[A]는 10[mm]이면 전류는 10[A]가 된다.

동기와트 $P = \sqrt{3}\,VI = \sqrt{3}\times 200\times 10 = 2\sqrt{3}\,[Kw]$

19 3상 4극, 380[V], 50[Hz]인 유도전동기가 정격속도의 90[%]로 운전할 때 동기속도는?

① 1,350rpm

② 1,400rpm

③ 1,450rpm

④ 1,500rpm

20 〈보기〉의 설명에 해당되는 전동기는?

〈보기〉

이 전동기는 3상 중 1상만 통전되는 방식을 사용하고, 영구 자석을 사용하지 않는 간단한 돌극 회전자 구조를 가지고 있다. 회전 시 토크리플이 크고 진동 및 소음이 크다는 단점이 있다.

① 스위치드 릴럭턴스 전동기(Switched Reluctance Motor)

② 동기형 릴럭턴스 전동기(Synchronous Reluctance Motor)

③ 브러시리스 직류 전동기(Brushless DC Motor)

④ 단상 유도전동기(Single Phase Induction Motor)

19 동기속도 $N_s = \dfrac{120f}{P} = \dfrac{120 \times 50}{4} = 1500[rpm]$

90[%] 운전이므로 $1500 \times 0.9 = 1350[rpm]$

20 구조나 특성으로 보면 스위치드 릴럭턴스 전동기와 동기릴럭턴스 전동기가 같지만 스위치드 릴럭턴스 전동기가 동기형 릴럭턴스 전동기보다 진동 및 소음이 더 문제가 된다.

릴럭턴스 전동기는 고속운전, 장시간운전 등의 장점이 있으나 토크리플이 심하여 상용화하기에 어려움이 많았고, 최근 전력전자 기술의 발전에 따라 구동회로의 성능이 좋아지고 가격이 저렴해지고 있어 가변속 전동기로 주목받고 있다. 릴럭턴스 전동기는 회전자 돌극구조에 의한 릴럭턴스 토크가 발생하는 전동기로서 회전자에 영구자석이나 권선이 없기 때문에 구조가 간단하다. 고정자 권선은 일반적인 3상 정현파 분포를 가지므로 기존 교류전동기 고정자를 그대로 이용할 수 있어 경제적이고, 정현파 회전자계에 의한 정현파 전류가 인가되어 정현적으로 회전하는 공극기자력을 발생시킴으로써 스위치드 릴럭턴스 전동기보다 동기 릴럭턴스 전동기는 토크, 맥동 및 소음을 줄일 수 있다.

정답 및 해설 19.① 20.①

1 주권선과 전기적으로 90°의 위치에 보조권선을 설치하고, 두 권선의 전류 위상차를 이용하여 기동토크를 발생시키는 단상유도전동기는?

① 반발기동형 단상유도전동기

② 반발유도형 단상유도전동기

③ 분상기동형 단상유도전동기

④ 셰이딩코일형 단상유도전동기

2 전기자 반작용이 발생하는 전기기기에 해당하지 않는 것은?

① 동기발전기

② 직류전동기

③ 동기전동기

④ 3권선변압기

3 다이오드를 이용한 정류회로에서 출력전압의 맥동률이 가장 작은 정류회로는? (단, 부하는 순저항부하이다)

① 단상 반파정류

② 단상 전파정류

③ 성형 3상 반파정류

④ 성형 6상 반파정류

4 이상적인 단상변압기의 1차 측 권선 수는 200, 2차 측 권선 수는 400이다. 1차 측 권선은 220 [V], 50 [Hz] 전원에, 2차 측 권선은 2 [A], 지상역률 0.8의 부하에 연결될 때, 부하에서 소비되는 전력[W]은?

① 600

② 654

③ 704

④ 734

1 분상기동형 단상유도전동기는 고정자철심에 감은 주권선 M과 전기적으로 $\dfrac{\pi}{2}$ 떨어진 다른 위치에 있는 보조권선(기동권선) A로 구성된다. A는 M과 병렬로 전원에 접속되고 M보다 가는 선을 사용하여 권수를 적게 감아서 권선저항을 크게 취한 것이다. 이와 같은 권선에 단상전압을 가하면 리액턴스가 큰 권선 M에는 단자전압보다 상당히 위상이 뒤진 전류 I_M이 흐르지만 권선 A에는 저항이 크므로 인가전압과 위상차가 적은 I_A가 흐른다. 이와 같이 두 권선에 흐르는 위상차를 이용해서 기동토크를 발생시킨다.

2 전기자 반작용이란 전기자권선에 흘러서 생긴 기자력이 계자의 기자력에 영향을 주어서 자속의 분포가 한쪽으로 기울어지고, 자속의 크기가 감소하는 현상을 말한다.
변압기는 회전기기가 아니므로 전기자 반작용이 발생하지 않는다.

3 정류회로에서 맥동률이란
$$\nu = \frac{\text{출력전압(전류)에 포함된 교류성분}}{\text{출력전압(전류)의 직류성분}}$$
㉠ 단상 전파
$$\nu = \sqrt{\left(\frac{I_a}{I_d}\right)^2 - 1} = \sqrt{\frac{(\frac{I_m}{\sqrt{2}})^2}{(\frac{2I_m}{\pi})^2} - 1} = \sqrt{\left(\frac{\pi}{2\sqrt{2}}\right)^2 - 1} = 0.48$$
㉡ 3상 반파
$$\text{교류 실횻값 } I_a = \sqrt{\frac{3}{2\pi}\int_{-\frac{\pi}{3}}^{\frac{\pi}{3}}\left(\frac{\sqrt{2}\,E\cos\theta}{R}\right)^2 d\theta} = \frac{1.185E}{R}[A]$$
$$\text{직류평균 } I_d = \frac{1.17E}{R}[A]$$
$$\nu = \sqrt{\left(\frac{1.185}{1.17}\right)^2 - 1} = 0.17$$
3상 전파에서 4[%]
상이 많아질수록 맥동률은 작아진다.

4 전압비 $a = \dfrac{V_1}{V_2} = \dfrac{N_1}{N_2} = \dfrac{200}{400} = 0.5$

부하측의 전압은 $V_2 = \dfrac{V_1}{a} = \dfrac{220}{0.5} = 440[V]$

부하에서 소비되는 전력 $P = VI\cos\theta = 440 \times 2 \times 0.8 = 704[W]$

정답 및 해설 1.③ 2.④ 3.④ 4.③

5 심구형 및 2중농형 3상 유도전동기의 회전자에 대한 설명으로 옳지 않은 것은?

① 적절한 회전자 도체의 형상과 배치를 이용하여 기동 시 실효저항이 직류 저항의 수 배가 되도록 하는 것이다.

② 2중농형 회전자의 경우 슬롯의 외측 도체는 내측 도체보다 저항이 낮다.

③ 심구형 회전자의 경우 고정자 측으로 환산된 실효 저항과 누설 리액턴스는 회전자 속도에 따라 변한다.

④ 심구형 회전자의 경우 슬롯 안의 도체에 전류가 흐르면 슬롯 아래 부분에 가까운 도체일수록 많은 누설자속과 쇄교된다.

6 다음 그림과 같은 타여자 직류전동기의 토크−속도 특성 곡선에서 기울기는? (단, K_a는 상수, R_a는 전기자 저항, Φ는 계자 자속이다)

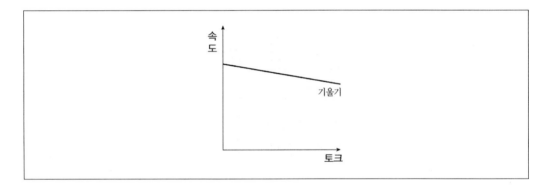

① $-\dfrac{R_a}{(K_a\Phi)^2}$

② $-\dfrac{K_a\Phi}{R_a}$

③ $-\dfrac{(K_a\Phi)^2}{R_a}$

④ $-\dfrac{R_a}{K_a\Phi}$

7 8극, 50 [Hz] 3상 유도전동기가 600 [rpm]의 속도로 운전될 때 토크가 500 [N · m]이라면 기계적 출력[kW]은?

① 5π

② 10π

③ 100π

④ 300π

5 2중농형 유도전동기의 회전자의 구조는 공극에 가까운 외측 도체에 고저항 도체를 사용하고 내측 도체에 저저 항 도체를 사용한다. 내측 도체의 권수가 크므로 2차 리액턴스는 내측의 농형도체가 크다. 기동할 때에는 2차 주파수가 1차 주파수와 같으므로 2차 전류는 저항보다 리액턴스에 의하여 제한되므로 리액턴스가 큰 내측 도체 에는 전류가 거의 흐르지 않고 대부분의 전류는 저항이 큰 외측 도체로 흐른다. 기동토크는 2차 저항손에 비례 하기 때문에 기동토크는 저항이 높은 외측 도체로 흐르는 전류에 의해 큰 토크를 얻어 기동을 한다.

전동기가 기동하고 점점 가속이 되면 슬립이 작아지고 주파수 작아지므로 누설리액턴스는 작아지고 저항만으 로 운전이 되는 상태가 된다. 이 전류는 저항이 작은 내측도체에 흐른다.

슬롯 안에 전류가 흐르면 슬롯 밑 부분 가까운 도체일수록 많은 누설자속과 쇄교된다.

6 직류전동기에서 역기전력 $E = K\varnothing N[V]$

속도 $N = \dfrac{1}{K_a} \dfrac{E}{\varnothing} = \dfrac{1}{K_a} \dfrac{V - I_a R_a}{\varnothing} [rpm]$

토크 $T = \dfrac{P}{\omega} = \dfrac{E I_a}{\omega} = \dfrac{K_a \varnothing \omega I_a}{\omega} = K_a \varnothing I_a [N \cdot m]$

$\dfrac{N}{T} = \dfrac{\dfrac{E}{\varnothing}}{K_a^2 \varnothing I_a} = \dfrac{V - I_a R_a}{(K_a \varnothing)^2 I_a}$ 인가전압이 일정하면 기울기는 $-\dfrac{R_a}{(K_a \varnothing)^2}$

7 출력 $P = T\omega = T \dfrac{2\pi N}{60} = 500 \times \dfrac{2\pi \times 600}{60} = 10000\pi[W] = 10\pi[Kw]$

8 권선형 3상 유도전동기의 2차저항 속도제어 방법의 특징으로 옳은 것은?

① 부하에 대한 속도 변동이 적다.

② 최대 토크가 발생하는 슬립을 제어할 수 있다.

③ 역률이 좋고 운전 효율이 양호하다.

④ 전부하로 장시간 운전하여도 온도상승이 적다.

9 타여자 직류전동기의 속도제어에서 정격속도 이하에서는 전기자전압제어, 정격속도 이상에서는 계자전류제어를 나타낸 특성곡선은?

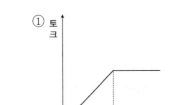

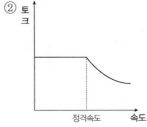

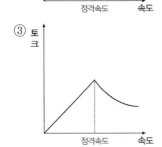

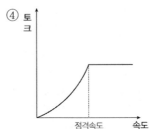

10 스테핑 전동기에 대한 설명으로 옳지 않은 것은?

① 기동, 정지, 정역회전이 용이하고, 신호에 대한 응답성이 좋다.

② 일반적으로 엔코더를 사용하지 않고 오픈 루프(open loop)로 속도제어 한다.

③ 고속 시에 발생하기 쉬운 미스 스텝(miss step)이 누적되지 않는다.

④ 회전 속도는 단위시간 동안에 가해진 입력 펄스 수에 반비례한다.

11 단상 배전선 전압 200[V]를 220[V]로 승압하는 단권변압기의 자기용량[kVA]은? (단, 부하 용량은 110[kVA]이다)

① 90

② 100

③ 9

④ 10

8 권선형 유도전동기의 2차저항 속도제어법은 2차측에 슬립링을 부착하고 속도제어용 저항을 넣어 부하토크와의 교점을 변화시킴으로 속도를 제어한다. 기동저항기는 거의 1분 이내에만 사용하도록 설계가 되어 있으므로 장시간 사용하는 속도제어에는 사용하지 않는다. 이 방법은 전류가 큰 2차회로에 저항을 넣고 제어하는 것이기 때문에 2차저항손이 매우 커져서 효율이 낮다. 그러나 조작이 간단하고 기동토크나 전류특성이 좋으며 동기속도 이하의 속도제어를 연속적으로 원활하게 넓은 범위에 할 수 있는 장점이 있다.

2차저항 속도제어는 권선형전동기에만 적용이 되는 방식이고 2차저항으로 최대토크가 발생하는 슬립을 제어하는 방식이다.

9 정격속도 이하에서 전기자 전압제어방식은 전기자에 가해지는 단자전압을 변화하여 속도를 조정하는 방법이며 주로 타여자 전동기에 적용되는 방식이다. 워드레오너드방식과 일그너방식이 있다. 전압으로 속도를 조정하므로 정토크 가변속도의 용도에 적합하다.

계자제어방식은 계자의 자속을 변화시키는 방식으로 제어하는 전류가 적기 때문에 손실도 적고 전기자 전류와 관계없이 비교적 광범위하게 속도조정이 이루어진다. 정출력 가변속도에 적합하다. 따라서 속도는 토크와 반비례하는 곡선을 그린다.

10 스테핑 전동기(Stepping motor)는 펄스 전동기로도 불리우며 최대 특징은 펄스전력에 대응하여 회전하는 것이다. 입력 펄스 수에 비례해서 회전각이 변위되고 입력 주파수에 비례하여 회전속도가 변하기 때문에 피드백을 하지 않고 전동기의 동작을 제어한다.

스테핑 전동기의 종류는 로터부를 영구자석으로 만든 PM형(Permanent Magnetic type), 로터부를 기어모양의 철심으로 만든 VR형(Variable Reluctance type), 그리고 로터부를 기어모양의 철심과 영구자석으로 구성한 하이브리드형이 있다.

11 $\dfrac{\text{자기용량}}{\text{부하용량}} = \dfrac{V_H - V_L}{V_H} = \dfrac{220 - 200}{220} = \dfrac{20}{220}$ 에서

단권변압기(승압기)의 자기용량 $KVA = \text{부하용량} \times \dfrac{20}{220} = 110 \times \dfrac{20}{220} = 10[KVA]$

정답 및 해설 8.② 9.② 10.④ 11.④

12 전압을 일정하게 유지하는 정전압 특성이 있는 다이오드는?

① 쇼트키 다이오드

② 바리스터 다이오드

③ 정류 다이오드

④ 제너 다이오드

13 단상 반파정류회로에서 출력 직류전압 135[V]를 얻는 데 필요한 입력 교류전압의 실횻값[V]은? (단, 정류소자의 전압강하는 무시한다)

① 150

② 300

③ 380

④ 405

14 6극, 슬롯 수 90인 3상 동기발전기에서 전기자 코일을 감을 때, 상 유기기전력의 제5고조파를 제거하기 위해 전기자 코일의 두 변이 1번 슬롯과 몇 번 슬롯에 감겨야 하는가?

① 10번

② 11번

③ 12번

④ 13번

15 3상 동기발전기에 대한 설명으로 옳은 것은?

① 무한대 모선에 동기발전기를 병렬운전하기 위해서는 발전기들의 전압, 주파수가 같아야 하며 상 회전방향과는 무관하다.

② 12극 동기발전기의 출력전압 주파수를 60[Hz]로 하면 회전자 속도는 600[rpm]이 된다.

③ 돌극형 회전자보다 원통형 회전자가 저속용에 더 적합하다.

④ 회전자 계자권선에는 교류전류가 흐른다.

12 제너 다이오드는 반도체 다이오드의 일종으로 정전압 다이오드라고 한다.

일반적인 다이오드와 유사한 PN접합구조이나 다른 점은 매우 낮고 일정한 항복전압 특성을 갖고 있어, 역방향으로 일정 값 이상의 전압이 가해졌을 때 전류가 흐른다. 제너 항복과 전자사태 항복 또는 애벌란시 항복 현상을 이용하며 넓은 전류범위에서 안정된 전압특성을 가지므로 회로소자를 보호하는 용도로 사용된다.

13 $E_d = \dfrac{1}{T}\int_0^\pi \sqrt{2}\,Ed\theta = \dfrac{1}{2\pi}\int_0^\pi \sqrt{2}\,Esin\theta d\theta = \dfrac{\sqrt{2}\,E}{2\pi}[-\cos\theta]_0^\pi = \dfrac{2\sqrt{2}\,E}{2\pi} = 0.45E$

직류전압은 교류전압의 45[%]를 정류한다.

그러므로 $E_a = \dfrac{E_d}{0.45} = \dfrac{135}{0.45} = 300[V]$

14 동기발전기에서 피형을 개선하고 고조파를 제거하기 위해서 단절권을 채택한다.

5고조파를 제거하기 위한 단절권에서 권선피치와 자극피치 간의 비는

$\sin\dfrac{5\beta\pi}{2} = 0$이면 sin파의 위상이 $\pi, 2\pi, 3\pi \cdots$이므로 $\beta = \dfrac{2}{5}, \dfrac{4}{5}, \dfrac{6}{5}$

그러므로 $\beta = 0.8$이 가장 적당하다.

지금 슬롯 수가 90이고 6극이므로 극당 15개의 슬롯이 있으므로 극간 간격의 0.8은 13번 슬롯이 된다.

15 동기발전기에서

동기속도 $N_s = \dfrac{120f}{P} = \dfrac{120 \times 60}{12} = 600[rpm]$

㉠ 동기발전기의 회전부는 보통 돌극형과 비돌극형(원통형) 중에 하나로 구성된다.
  일반적으로 돌극 구조는 수차에 의하여 구동되는 저속도 발전기에 제한된다.
㉡ 동기발전기의 계자회로는 직류의 저압회로이며 소요전력도 적고 인출도선은 2개이다.
㉢ 동기발전기는 개별부하에 전력을 공급하는 데는 거의 사용하지 않는다. 일반적으로 동기발전기는 무한대모선(infinite bus)이라고 하는 전력 공급 시스템에 연결된다. 수많은 대형 동기발전기가 서로 연결되어 있기 때문에 무한대 모선의 전압과 주파수는 거의 변화하지 않는다.
  무한대 모선과의 병렬운전하는 동기발전기들은 전압, 주파수, 상회전 방향, 위상이 같아야 한다.

정답 및 해설 12.④ 13.② 14.④ 15.②

16 Y결선 3상 원통형 동기발전기의 정격출력이 9,000 [kW], 상 정격전류가 500 [A], 역률이 0.75일 때, 1상의 동기리액턴스[Ω]는? (단, 권선 저항은 무시하며, 1상의 동기리액턴스는 0.9 [pu]이다)

① 10.8

② 12.0

③ 14.4

④ 15.2

17 1차 공급전압과 주파수가 일정한 변압기에서 1차 코일의 권수만 $\frac{1}{3}$ 배로 줄였을 때, 여자전류와 최대자속은 몇 배로 변화하는가? (단, 권수 변화에 따른 1차 저항 및 1차 누설리액턴스는 동일하게 설계하며, 변압기 철심은 포화되지 않는다)

	여자전류	최대자속
①	9배	3배
②	$\frac{1}{9}$ 배	$\frac{1}{3}$ 배
③	9배	$\frac{1}{3}$ 배
④	$\frac{1}{9}$ 배	3배

18 변압기의 철심을 비자성체인 플라스틱으로 교체한 경우 발생하는 현상으로 옳지 않은 것은?

① 2차측 유기기전력에는 변화가 없다.

② 1차측 입력전류의 고조파 성분이 감소한다.

③ 1차측 입력전류가 크게 증가한다.

④ 변압기 코일에서의 발열은 증가하나, 플라스틱에는 직접적인 발열이 없다.

16 Y결선의 선간전압을 구하면

$$V = \frac{P}{\sqrt{3}\,I\cos\theta} = \frac{9000\times10^3}{\sqrt{3}\times500\times0.75} = 13856.4\,[V]$$

0.9[pu] 이면 %X = 90[%]

$$\%X = \frac{IX}{E}\times100 = \frac{500\times X}{\dfrac{13856.4}{\sqrt{3}}}\times100 = 90$$

$$X = 14.4\,[\Omega]$$

17 변압기의 1차 유도기전력 $E_1 = 4.44fN_1\varnothing_m\,[V]$

1차권선에 정현파전압 $V_1 = \sqrt{2}\,V\sin\omega t\,[V]$을 인가하면

$$I_1 = \frac{\sqrt{2}\,V}{\omega L_1}\sin(\omega t - \frac{\pi}{2})\,[A]$$의 전류가 흐른다.

$$\varnothing = \frac{\text{기자력}}{\text{자기저항}} = \frac{N_1 I_1}{\dfrac{l}{\mu A}} = \frac{\mu A N_1 I_1}{l}\,[wb]$$ 가 되므로

$$\varnothing = \frac{\mu A N_1}{l}\frac{\sqrt{2}\,V}{\omega L_1}\sin(\omega t - \frac{\pi}{2})\,[wb], \quad L_1 = \frac{N_1^2}{R} = \frac{\mu A N_1^2}{l}\,[H]$$

$$\varnothing = \frac{\mu A N_1}{l}\frac{\sqrt{2}\,V}{\omega\dfrac{\mu A N_1^2}{l}}\sin(\omega t - \frac{\pi}{2}) = \frac{\sqrt{2}\,V}{\omega N_1}\sin(\omega t - \frac{\pi}{2})\,[wb]$$

1차 공급전압과 주파수가 일정하고 1차 코일의 권수만 1/3배가 되었을 때 전압과 자속이 일정하므로 자속은 권수와 반비례하여 최대자속은 3배가 된다.

18 변압기와 모터(회전기)의 철심에는, 기기의 고효율화·소형화를 위해 저손실로서 포화자속밀도가 높은 규소강판이 이용된다. 규소강판은, 전기저항을 증대시켜 와전류 손실을 억제하고 기계적 강도를 더하기 위해, 철에 규소를 0.5 ~ 5.0 % 정도 함유하고 있다. 정지기에서는 철심중의 자속의 방향이 시간적으로 변화하지 않기 때문에, 방향에 따라서 자기특성이 다른 방향성 규소강판이 이용되어, 자속의 방향과 자기특성이 좋은 방향을 일치시켜서 사용 된다. 회전기에서는, 철심중의 자속의 방향이 시간적으로 변화하기 때문에, 방향에 의해서 자기특성이 거의 변하지 않는 무방향성 규소강판이 이용되고 있다.

이러한 일반적인 특성에 대해서 플라스틱 재료는 자속의 왜형이 일어나지 않으므로 고조파 발생이 없고, 발열이 없다. 자기저항이 작으므로 1차측 입력전류는 크게 증가한다. 2차측 유기기전력은 1차측 전류가 커지면서 증가한다.

정답 및 해설 16.③ 17.① 18.①

19 40 [kW], 200 [V], 1,700 [rpm] 정격의 보상권선이 있는 타여자 직류발전기가 있다. 전기자 저항은 0.05 [Ω], 보상권선 저항은 0.01 [Ω], 계자권선 저항은 100 [Ω]일 때, 정격 운전 시 유기기전력[V]은? (단, 전기자 반작용과 브러시의 전압 강하는 무시한다)

① 208   ② 210

③ 212   ④ 214

20 2중중권 6극 직류기의 전기자권선의 병렬회로 수는?

① 2   ② 4

③ 6   ④ 12

19 타여자 직류발전기

전기자에 흐르는 전류는 부하전류와 계자전류이고, 전기자저항과 보상권선의 저항을 합하여 계산되므로

유기기전력 $E = V + I_a R_a = 200 + (\frac{40 \times 10^3}{200} + \frac{200}{100})(0.05 + 0.01) = 212.12 [V]$

20 중권에서 병렬회로 수는 단중중권에서 a = P, 다중중권에서 a = mP

문제는 2중 중권이므로 병렬회로 수 $a = mP = 2 \times 6 = 12$

1 3상 변압기의 결선방법 중 수전단 변전소용 변압기와 같이 고전압을 저전압으로 강압할 때, 주로 사용되는 것은?

① $\Delta - \Delta$ 결선

② Y − Y 결선

③ Y − Δ 결선

④ Δ − Y 결선

2 3상 농형 유도전동기에서 고정자 권선의 결선을 △에서 Y로 바꾸면 기동 전류의 변화로 옳은 것은?

① 3배로 증가

② $\sqrt{3}$ 배로 증가

③ $\dfrac{1}{\sqrt{3}}$ 배로 감소

④ $\dfrac{1}{3}$ 배로 감소

3 극수 8, 동기속도 3,000 [rpm]인 동기발전기와 병렬 운전하는 극수가 6인 동기발전기의 회전수[rpm]는?

① 3,600

② 3,800

③ 4,000

④ 4,200

4 동기발전기의 전기자 권선을 단절권으로 하는 이유는?

① 절연 증가

② 유효 자속 증가

③ 역률 개선

④ 고조파 개선

---

1 변압기의 △−Y결선은 발전소용 변압기와 같이 낮은 전압을 높은 전압으로 올리는 경우에 주로 사용되고, Y−△결선은 수전단 변전소용 변압기와 같이 높은 전압을 낮은 전압으로 내리는 경우에 주로 사용된다. 이 결선은 1차측이든지 2차측이든지 어느 한쪽에 △결선이 있고 여자전류에 제3고조파 통로가 있기 때문에 제3고조파에 의한 장해가 적다.

또한 Y결선의 중성점을 접지할 수 있어 이상전압 방지에 유리하다. 다만 1차와 2차 간에 위상차가 생긴다.

2 농형 유도전동기의 감압기동에 관한 문제이다.

Y−△기동은 기동할 때 1차권선을 Y로 접속하여 기동하였다가 전속도에 가깝게 되었을 때 △로 접속하는 방법이다.

Y로 기동을 하면 1차측 각상에는 정격전압의 $\dfrac{1}{\sqrt{3}}$ 배의 전압이 가해지므로 기동전류는 전전압 기동할 때보다 $\dfrac{1}{3}$ 이 되므로 전류를 제한할 수가 있고 토크는 전압의 제곱과 비례하므로 토크 역시 $\dfrac{1}{3}$ 으로 기동을 용이하게 할 수 있다.

3 동기발전기의 동기속도 $N_s = \dfrac{120}{P}f\,[rpm]$

$120f = PN_s = 8 \times 3000 = 6 \times N_s$

$N_s = 4000\,[rpm]$

4 동기발전기의 전기자 권선을 단절권으로 한다는 것은 코일의 양쪽 변에 유도하는 기전력의 위상을 조금 줄여서 기전력은 감소하지만 파형이 개선되고, 특정고조파를 제거할 수 있는 장점을 적용한다는 것이다.

단절계수 $K_p = \sin\dfrac{\beta\pi}{2}$

정답 및 해설 1.③ 2.④ 3.③ 4.④

5 100 [W], 220/22 [V]의 2권선 변압기를 승압 단권변압기로 결선을 변경하고 저압측에 전압 220 [V]를 공급할 때, 고압측 전압[V]은?

① 242

② 264

③ 2,200

④ 2,420

6 그림과 같은 컨버터에서 입력전압 V_{in}은 200 [V], 스위치(S/W)의 듀티비는 0.5, 부하저항 R은 10 [Ω]이다. 이 컨버터의 부하저항 R에 흐르는 전류 i_R의 평균치[A]는? (단, 커패시턴스 C와 인덕턴스 L은 충분히 크다고 가정한다)

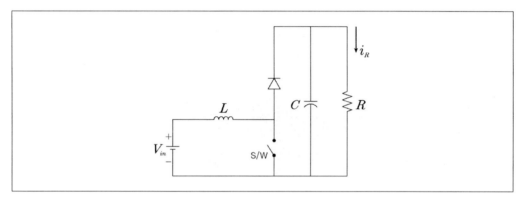

① 10

② 20

③ 30

④ 40

7 변압기의 각종 전류에 대한 설명으로 옳지 않은 것은?

① 1차측 전류는 자속 생성을 위한 여자전류와 2차측으로 공급되는 부하전류로 구성된다.

② 무부하 전류는 철손전류와 자화전류로 구성되며, 두 전류의 위상은 같다.

③ 정현파 전압을 인가하더라도 무부하 전류는 고조파 성분을 갖는 경우가 많다.

④ 1차측 전류에서 여자전류를 제외한다면, 1차측과 2차측 권선 기자력의 크기는 동일하다.

5 고압측 전압(승압된 전압)

$$V_2 = V_1 \left(1 + \frac{e_2}{e_1}\right) = 220\left(1 + \frac{22}{220}\right) = 242[V]$$

6 그림은 부스트 컨버터이다. S/W를 도통시키면 입력전압에 의해서 L에 에너지가 축적되고 다이오드 D는 차단된다. 이때 출력 측에서는 커패시터 C에 축적된 전하가 부하저항 R을 통해서 방전된다. 다음 순간에 S/W가 차단되면 L에 축적된 에너지가 다이오드 D를 통해서 출력 측으로 방출되므로 S/W의 도통과 차단의 시간비율을 조정하여 원하는 직류 출력값을 얻을 수 있다. 여기서 스위치 S/W의 도통구간은 DT_s(스위칭 주기에서 도통시간의 비율), 차단구간은 $(1-D)T_s$ 이므로 다음의 관계가 성립한다.

$$V_o = \frac{1}{1-D} V_i \quad \text{D가 항상 1보다 작으므로 출력전압은 입력보다 크다.}$$

$$V_o = \frac{1}{1-D} V_i = \frac{1}{1-0.5} \times 200 = 400[V]$$

$$i_R = \frac{V_o}{R} = \frac{400}{10} = 40[A]$$

7 변압기의 무부하전류 $I_o =$ 철손전류$+j$자화전류$= I_i + jI_\varnothing [A]$
철손전류와 자화전류의 위상차는 $90°$ 이다.

8 1,200 [rpm]에서 정격출력 16 [kW]인 전동기에 축 반경 40 [cm]인 벨트가 연결되어 있을 때, 정격 조건에서 이 벨트에 작용하는 힘[N]은?

① $1000/\pi$ ② $1200/\pi$

③ $1400/\pi$ ④ $1600/\pi$

9 3,300 [V], 60 [Hz], 10극, 170 [kW]의 3상 유도전동기가 전부하에서 회전자 동손이 5 [kW], 기계손이 5 [kW]일 때, 회전수[rpm]는?

① 694 ② 700

③ 706 ④ 712

10 그림은 직류 분권전동기의 속도와 토크의 관계를 나타낸다. 점선으로 나타낸 기준 특성으로부터 ㉠과 ㉡의 속도−토크 특성으로 변경하려고 할 때, 각각의 제어 방법으로 옳은 것은?

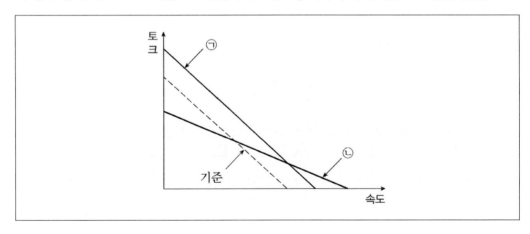

	㉠	㉡
①	전기자전압 증가	계자저항 감소
②	전기자전압 감소	계자저항 감소
③	전기자전압 증가	계자저항 증가
④	전기자전압 감소	계자저항 증가

11 정격에서 백분율 저항강하 2[%], 백분율 리액턴스 강하 4[%]의 단상 변압기를 역률 80[%]의 전부하로 운전할 때, 전압변동률[%]은?

① 3.2

② 4.0

③ 4.8

④ 5.4

8 $T = F \cdot r[N \cdot m]$

$P = T\omega = T\dfrac{2\pi N}{60}[W]$에서

토크 $T = P \times \dfrac{60}{2\pi N} = \dfrac{16 \times 10^3 \times 60}{2\pi \times 1200} = \dfrac{400}{\pi} = F \cdot r\,[N \cdot m]$

$r = 0.4[m]$이므로 벨트에 작용하는 힘

$F = \dfrac{1000}{\pi}[N]$

9 슬립 $s = \dfrac{\text{동손}}{\text{2차입력}} = \dfrac{5}{170+5+5} = 0.028$

따라서 회전수는 $N = \dfrac{120}{P}f(1-s) = \dfrac{120 \times 60}{10} \times (1-0.028) = 700[rpm]$

10 기준특성보다 속도와 토크를 크게 하려면

㉠ 속도가 자속에 반비례하므로 속도를 높이는데 계자 전류를 작게 하기 위해서 계자저항을 크게 하면 된다.

　　$E = K\varnothing N[V], \quad N \propto \dfrac{1}{\varnothing}$

㉡ 토크는 전기자 전류와 비례하므로 전기자 전압을 증가시킨다.

　　$T = K\varnothing I_a[N \cdot m]$

11 전압변동률

$\epsilon = p\cos\theta + q\sin\theta = 2 \times 0.8 + 4 \times 0.6 = 4[\%]$

정답 및 해설 8.① 9.② 10.③ 11.②

12 다음 직류발전기의 종류 중 정전압 특성이 가장 좋은 것은?

① 직권발전기

② 분권발전기

③ 타여자발전기

④ 차동복권발전기

13 6극, 60 [Hz]의 3상 권선형 유도전동기의 회전자 저항이 r_2이고 전부하 슬립이 5 [%]일 때, 1,080 [rpm]에서 전부하와 동일한 토크로 운전하려면, 회전자에 직렬로 추가해야 할 저항은?

① $0.5r_2$

② r_2

③ $1.5r_2$

④ $2r_2$

14 태양전지(Solar-cell)를 이용한 태양광 발전으로부터 얻은 전력으로 220 [V]의 유도전동기를 사용한 펌프를 운전하려고 할 때, 필요한 전력변환장치를 순서대로 바르게 나열한 것은?

① 태양전지 → 인버터 → 다이오드정류기 → 유도전동기

② 태양전지 → DC/DC 컨버터 → 다이오드정류기 → 유도전동기

③ 태양전지 → 다이오드정류기 → DC/DC 컨버터 → 유도전동기

④ 태양전지 → DC/DC 컨버터 → 인버터 → 유도전동기

15 전기자저항 0.2 [Ω], 단자전압 100 [V]인 타여자 직류발전기의 전부하전류가 100 [A]일 때, 전압변동률[%]은? (단, 브러시의 전압강하와 전기자반작용은 무시한다)

① 15

② 20

③ 25

④ 30

12 직류 타여자발전기는 전압강하가 적고 계자전압은 전기자 전압과 관계없이 설계되기 때문에 특히 고전압의 발전기, 전기화학용의 저전압 대전류의 발전기 및 단자전압을 광범위하고 상세히 조정하는 용도에 사용하고 있다.

13 권선형 유도전동기의 비례추이는 저항을 크게 하면 슬립이 비례해서 커지고 속도는 낮아지며 토크는 커진다는 것이다.
여기에서 슬립과 저항의 크기가 비례하므로 1080[rpm]에서의 슬립을 구하면

$$N_s = \frac{120f}{P} = \frac{120 \times 60}{6} = 1200[rpm]$$

$$s = \frac{1200 - 1080}{1200} = 0.1, \ 10[\%]$$

$$\frac{r_2}{s_1} = \frac{r_2 + R}{s_2}$$ 에서

$$\frac{r_2}{0.05} = \frac{r_2 + R}{0.1}, \ R = r_2[\Omega]$$

14 태양전지를 통해서 얻은 기전력으로 유도전동기를 사용하는 계통
태양전지로 얻은 기전력은 직류이므로 일반적으로 축전지에 저장하고 인버터를 통해서 교류화 한다. DC/DC컨버터는 직류전압의 크기를 조정하는 역할을 한다.
그러므로 태양전지 기전력(DC)– DC/DC컨버터–인버터– 유도전동기 순서가 된다.

15 타여자 직류발전기 전압변동률

$$\epsilon = \frac{E - V}{V} = \frac{(V + I_a R_a) - V}{V} = \frac{100 \times 0.2}{100} = 0.2, \ 20[\%]$$

정답 및 해설 12.③ 13.② 14.④ 15.②

16 전기자저항이 0.2 [Ω]인 타여자 직류발전기가 속도 1,000 [rpm], 단자전압 480 [V]로 100 [A]의 부하전류를 공급하고 있다. 이 발전기가 500 [rpm]에서 100 [A]의 부하전류를 공급한다면 단자전압[V]은? (단, 계자전류는 동일하고, 브러시의 전압강하와 전기자반작용은 무시한다)

① 220

② 230

③ 240

④ 250

17 3상 유도전동기로 직류 분권발전기를 운전하고 있다. 운전을 멈추고 유도전동기의 고정자 두 상의 결선을 서로 바꿔 운전할 때, 발전기의 출력 전압은?

① 출력 전압이 발생하지 않는다.

② 출력 전압의 극성은 반대가 되지만, 크기는 상승한다.

③ 출력 전압의 극성은 반대가 되지만, 크기는 동일하다.

④ 출력 전압의 극성과 크기는 모두 동일하다.

18 그림과 같이 30°의 경사면으로 벨트를 이용하여 500 [kg]의 물체를 0.1 [m/sec]의 속력으로 끌어올리는 전동기를 설계할 때, 요구되는 전동기의 최소한의 출력[W]은? (단, 전동기 – 벨트 연결부의 효율은 70 [%]로 가정하고, 경사면의 마찰은 무시한다)

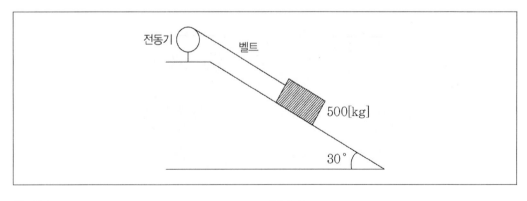

① 330

② 340

③ 350

④ 360

19 효율 90 [%]인 3상 동기발전기가 200 [kVA], 역률 90 [%]의 전력을 부하에 공급할 때, 이 발전기를 운전하기 위한 원동기의 입력[kW]은? (단, 원동기의 효율은 80 [%]이다)

① 220

② 230

③ 240

④ 250

20 직류전원으로 직류전동기의 속도와 회전방향을 제어하기 위해 가장 적합한 회로는?

① H 브리지 초퍼 회로

② 휘스톤 브리지 회로

③ 3상 인버터 회로

④ 전파정류회로

---

16 타여자 직류발전기 유기기전력

$E = V + I_a R_a = 480 + 100 \times 0.2 = 500[V]$

$E = K\varnothing N[V]$에서 회전속도와 유기기전력은 비례하므로 회전속도가 1/2일 때 유기기전력 $E' = 250[V]$

단자전압은 $V = E - I_a R_a = 250 - 100 \times 0.2 = 230[V]$

17 3상 유도전동기로 직류 분권발전기를 운전하는 중에 유도전동기의 고정자 두 상의 결선을 바꾸면 역상으로 되어 유도전동기는 역회전을 하게 된다. 이 때 직류 분권발전기가 역회전을 하면 잔류자기가 소멸되어 발전이 되지 않는다.

18 경사면에 적용되는 권상기용 전동기

$P = \dfrac{9.8 \, Ww}{\eta} \sin 30° = \dfrac{9.8 \times 500 \times 0.1}{0.7} \sin 30° = 350[w]$

19 원동기의 입력

$\eta = \dfrac{\text{동기발전기의 출력}}{\text{원동기의 입력}} = \dfrac{\dfrac{200[KVA] \times \cos\theta}{\eta_g}}{[Kw]} = 0.8$

$\cos\theta = \eta_g = 0.9$ 이므로

원동기의 입력$[Kw] = \dfrac{200}{0.8} = 250$

20 직류전원으로 직류전동기의 속도와 회전방향을 제어하기 위한 방식은 H 브리지 초퍼제어방식이다. 초퍼제어방식은 on-off 스위칭에 의해서 직류전압을 원하는 크기의 실횻값으로 공급할 수 있다. on 시간에 대해 off 시간이 길어질수록 직류 평균치가 낮아지므로 속도가 낮아지는 것이다. 또한 H 브리지 형태로 4개의 스위치를 사용하면 전류의 극성을 바꿈으로써 회전방향을 역회전시킬 수 있다.

정답 및 해설 16.② 17.① 18.③ 19.④ 20.①

1 자극수 8, 전체 도체수 200, 극당 자속수 0.01[Wb], 1,200[RPM]으로 회전하는 단중 파권 직류 타여자 발전기의 기계적 출력이 0.8[kW]일 때, 전동기의 토크[N · m] 값은?

① 1.6

② 3.2

③ 4.8

④ 6.4

2 전기기기에서 철심의 재료로 주로 사용되는 강자성체에 대한 설명으로 가장 옳지 않은 것은?

① 강자성체는 높은 투자율을 갖고 있다.

② 강자성체의 내부에서 발생하는 자계밀도는 포화 현상을 갖는다.

③ 자성체에 가해지는 외부자속의 변화에 따라 자화곡선이 달라지는 히스테리시스 현상이 존재한다.

④ 강자성체는 일반적으로 잔류자속과 보자력이 큰 경자성체(경철)를 사용한다.

3 동기 전동기의 기동 방법으로 가장 옳지 않은 것은?

① 주파수 제어를 이용한 기동

② 원동기를 이용한 기동

③ 제동권선을 이용한 기동

④ 저항 제어를 이용한 기동

4 변압기의 단위체적당 와전류손이 1[W/m³]일 때, 이 변압기의 적층길이를 2배로 하면, 단위체적당 와전류손[W/m³]의 값은?

① 0.5

② 1

③ 2

④ 4

---

1 전동기의 출력

$P = T\omega = T\dfrac{2\pi N}{60}[Kw]$에서

$800 = T \times \dfrac{2\pi \times 1200}{60}[W]$

토크 $T = 6.4[N \cdot m]$

2 강자성체는 비투자율과 자화율이 대단히 크고 강한 자성을 나타낸다. 철이나 니켈, 코발트 같은 소재가 강자성체에 속하며 자계가 커지면서 자화곡선이 만들어질 때 직선으로 되지 않고 히스테리시스루프를 만들어가며 자속이 포화상태가 된다. 강자성체는 용도에 따라 철심용과 영구자석용으로 나누고 철심용을 연자성 재료, 영구자석용을 경자성 재료라고 한다.

연자성 재료는 고투자율 재료라고 하고, 경자성 재료는 고보자력 재료라고 한다.

철심의 재료는 고투자율의 재료인 연자성 재료를 사용한다.

3 동기전동기의 기동방법

㉠ 자기동법 : 제동권선에 의한 기동토크를 이용하는 것으로 전기자 권선에 3상전압을 가하면 회전자계가 생기고, 제동권선은 유도전동기의 2차권선으로서 기동토크를 발생한다.

㉡ 기동전동기법 : 기동용 전동기로 기동하는 방법으로 극수가 동기전동기보다 2극만큼 적은 유도전동기를 사용한다.

권선형 유도전동기로 기동하는 경우 슬립과 위상을 제어하기 위해서 주파수제어를 이용한다.

4 와류손 $P_e \propto f^2 B^2 t^2$이므로 적층길이 즉 두께 t를 2배로 하면 와류손은 4배가 된다.

5 유도 전동기의 NEMA 표준 설계 등급에 따른 토크–속도 특성이 다음과 같을 때 펀치 프레스, 전단기와 같이 빨리 가속해야 하거나 큰 충격이 필요한 간헐적인 부하에 사용되는 설계 등급은?

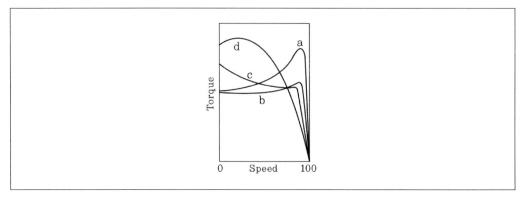

① a
② b
③ c
④ d

6 이상적인 단상 변압기의 2차 단자를 개방하고 1차 단자에 60[Hz], 200[V]의 전압을 가하였을 때, 2차 단자전압은 100[V]이며, 철심의 자속밀도는 1[T]이다. 이 변압기의 1차 단자전압이 120[Hz], 400[V]로 되었을 때, 철심의 자속밀도[T] 값은?

① 0.5
② 1
③ 2
④ 4

7 유도전동기의 속도제어법에 대한 설명으로 가장 옳지 않은 것은?

① 전압제어법은 토크 변동이 크고, 좁은 범위에서 속도제어가 가능하다.
② 일정자속제어법은 주파수와 전압의 비를 일정하게 함으로써 자속을 일정하게 유지하여 전압 제한범위까지 속도제어가 가능하다.
③ 2차저항제어법은 권선형 유도기에서 회전자 권선 저항을 제어하여 속도제어가 가능하지만 2차저항이 커지면 효율이 나빠진다.
④ 농형 유도기의 극수절환법을 사용하기 위해서는 회전자의 극수도 고정자의 극수 변화에 따라 맞추어 바꿔줘야 한다.

8 직류기의 보상권선에 대한 설명으로 가장 옳지 않은 것은?

① 정류를 원활하게 한다.

② 보극을 설치하는 방법에 비해 전기자 반작용 상쇄효과가 작다.

③ 전기자 반작용에 의한 기자력과 전기적으로 180° 위상이 되도록 설치한다.

④ 주로 대형 직류기에 많이 사용된다.

---

5 NEMA : National Electrical Manufacturers' Association 아메리카 전기 제조업자 협회(우리나라에서는 한국공업규격(KS))

일반적인 농형 유도전동기는 네 개의 특정설계로 A급에서 D급까지로 분류된다.

㉠ A급 전동기 : 낮은 회전자회로저항을 가진 특성이 있다. 따라서 전부하에서 아주 적은 슬립($s < 0.01$)으로 운전한다. 이 급의 기계는 높은 기동전류와 정상기동토크를 가진다.

㉡ B급 전동기 : 정상토크와 기동전류를 가지는 범용목적의 전동기. 전부하에서 속도변률은 낮다. 기동토크는 정격의 150[%] 정도이며 기동전류는 전부하 값의 600[%].

㉢ C급 전동기 : B급 전동기에 비해 높은 기동토크, 정상기동전류를 가지며 전부하에서 0.05보다 적은 슬립에서 회전한다. 컨베이어, 왕복펌프, 압축기 등에 적용한다.

㉣ D급 전동기 : 높은 기동토크와 낮은 기동전류를 가지는 높은 슬립의 전동기이다. 높은 전부하슬립 때문에 효율이 낮다. 펀치프레스나 전단기(판재절단기)는 순간의 강한 힘으로 작용을 해야 단면이 매끄럽다. 따라서 토크가 변화가 거의 없는 것이 좋다.

그림에서 빠른 시간에 규정된 충격을 주기 적합한 설계등급은 d등급이다.

6 변압기에서 $E \propto fB$이므로 자속밀도 B는 단자전압에 비례하고 주파수에 반비례한다. 따라서 철심의 자속밀도는

$$B \propto \frac{V}{f} = \frac{200}{60} \Rightarrow \frac{400}{120}$$ 자속밀도의 변화는 없다.

7 유도전동기의 속도제어방법

극수절환법 : 유도전동기의 회전속도가 극수와 반비례하기 때문에 극수를 조정해서 전동기의 속도를 제어할 수 있다. 방법은 동일 고정자 철심에 극수가 달라지는 2개 이상의 독립된 권선을 설치하는 방법과 동일권선의 접속을 바꾸는 방법이 있다. 일반적으로 극수비는 1 : 2로 한정이 되지만 4단의 다속도 전동기까지 만들 수 있다. 농형 회전자는 극수가 변경되더라도 그대로 사용할 수 있는 데 반해서 권선형은 회전자의 극수도 고정자측에 따라 변환되어야 한다.

8 직류기의 보상권선은 전기자 반작용에 대한 대책으로 자극편에 전기자 도체와 평행하게 슬롯을 만들고 권선을 감아서 전기자 전류와 반대방향의 전류를 흘림으로 전기자 기자력을 상쇄하도록 하는 것이다. 따라서 전기자 반작용에 대해 가장 좋은 대책은 보상권선을 설치하는 것이다. 보극은 전기자 반작용에 의하여 중성축의 이동으로 정류가 불량해지는 것을 방지하기 위해서 기하학적 중성축에 설치한다.

9 전기기기에 대한 설명으로 가장 옳지 않은 것은?

① 전기에너지-전기에너지의 상호변환 및 전기에너지-기계에너지의 상호변환을 하는 기기를 지칭한다.

② 전기기기의 에너지변환은 전계 또는 자계를 이용하며, 보통 에너지밀도가 큰 전계를 에너지변환의 매개로 사용한다.

③ 일반적인 전기기기의 전자계는 시변계이며, 전자계 지배방정식으로 맥스웰방정식이 적용된다.

④ 전기기기에서 발생되는 유도기전력은 플레밍의 오른손법칙을 이용하여 구할 수 있다.

10 3상 동기 발전기의 정격전압은 6,600[V], 정격전류는 240[A]이다. 이 발전기의 계자전류가 100[A]일 때, 무부하단자전압은 6,600[V]이고, 3상 단락전류는 300[A]이다. 이 발전기에 정격전류와 같은 단락전류를 흘리는 데 필요한 계자전류[A]의 값은?

① 40

② 60

③ 80

④ 100

11 4극 3상인 원통형 회전자 동기 발전기가 있다. Y결선, 60[Hz], 공극길이 g = 4[cm], 계자권선수 N_f = 60, 권선계수 K_f = 1.0, 계자전류 I_f = 400[A]일 때, 극당 공극 자속밀도 기본파 최댓값 $(B_{ag1})_{peak}$[T]의 값은?

① $\dfrac{\mu_0}{\pi} 5.5 \times 10^5$

② $\dfrac{\mu_0}{\pi} 6.0 \times 10^5$

③ $\dfrac{\mu_0}{\pi} 6.5 \times 10^5$

④ $\dfrac{\mu_0}{\pi} 7.0 \times 10^5$

9 전기기기는 발전기, 전동기, 변압기 등과 같이 전계보다는 자계에너지를 이용하여 에너지를 효율적으로 변환한다.

10 단락비에 관한 내용이다.
무부하 포화곡선에서 무부하 단자전압을 만드는 전류가 단락전류인데 이때의 계자전류는 100[A]이므로

단락비 $K = \dfrac{I_s}{I_n} = \dfrac{300}{240} = \dfrac{I_{f1}}{I_{f2}} = \dfrac{100}{x}$

$x = 80[A]$

11 극당 공극자속밀도
기자력 $F = N_f I_f = R \varnothing \, [AT]$

$N_f I_f = \dfrac{l}{\mu_0 S} \varnothing = \dfrac{l}{\mu_0 S} BS$

$B = \dfrac{\mu_0 N_f I_f}{l} \, [T]$

$B = \dfrac{\mu_0 \times 60 \times 400}{2\pi r} \, [T]$

공극의 길이가 $l = 2\pi r \,[m]$. $\quad \dfrac{g}{2} = \dfrac{4 \times 10^{-2}}{2} = r$

$(B_{ag1})_{peak} = \dfrac{\mu_0 \times 60 \times 400}{2\pi \times 2 \times 10^{-2}} = \dfrac{\mu_0}{\pi} \times 6 \times 10^5 \, [T]$

정답 및 해설 9.② 10.③ 11.②

12 일반 농형 전동기와 비교하여 다음과 같은 2중 농형 유도 전동기의 특징에 대한 설명으로 가장 옳지 않은 것은?

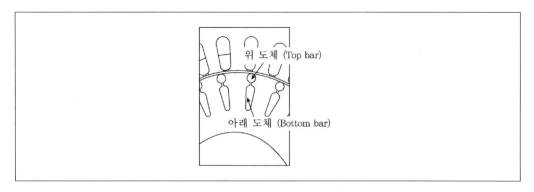

① 위쪽 도체는 아래쪽 도체에 비해 높은 저항률을 갖는다.
② 위쪽 도체는 아래쪽 도체에 비해 누설인덕턴스가 작다.
③ 저슬립 운전영역에서는 2차측 임피던스에서 저항이 차지하는 비중이 작아지게 된다.
④ 기동 시에는 2차측 전류가 위쪽 도체에 집중적으로 흐른다.

13 변압기의 표유부하손을 설명한 것으로 가장 옳은 것은?

① 동손, 철손
② 부하 전류 중 누전에 의한 손실
③ 권선 이외 부분의 누설 자속에 의한 손실
④ 무부하 시 여자 전류에 의한 동손

14 선형 유도 전동기에 대한 설명으로 가장 옳지 않은 것은?

① 속도가 낮을수록 단부효과가 증가한다.
② 이동파의 동기속도는 주파수와 극 피치에 비례한다.
③ 전동기의 입구 모서리에서 발생하는 자속밀도는 전동기 중간 지점에서 발생하는 자속밀도 보다 낮다.
④ 회전형 유도 전동기에 비하여 일반적으로 공극이 크다.

12 2중 농형 유도전동기의 도체구조를 보면 위 도체는 고저항 도체이고 아래 도체는 저저항 도체이다. 따라서 2차 누설리액턴스는 위 도체보다 아래 도체에서 훨씬 크다. 기동할 때에는 2차 주파수가 1차 주파수와 같기 때문에 (슬립 s=1) 2차 전류는 저항보다도 리액턴스에 의해서 제한되므로 리액턴스가 큰 아래 도체에는 전류가 거의 흐르지 않고 대부분의 전류는 저항이 높은 위 도체로 흐르게 된다. 기동토크는 2차저항손에 비례하기 때문에 기동할 때에는 저항이 높은 위 도체로 흐르는 전류에 의하여 큰 기동토크를 얻는다.

전동기가 기동하고 점점 가속해서 슬립이 적어지면 2차 주파수가 적어지기 때문에 누설리액턴스는 아주 작아진다. 따라서 2차 전류는 거의 저항만으로 되고 대부분의 전류는 저항이 적은 아래 도체로 흐르게 된다.

13 표유부하손 : 측정이나 계산으로 구할 수 없는 부하손을 말한다.

부하전류가 흐를 때 권선이외의 철심, 외함, 체부금구 및 냉각관 등에서 누설자속에 의한 와류손이 발생하는데 이를 표유부하손이라고 한다. 표유부하손 역시 부하 전류의 2승에 비례하는 부하손의 일종이지만 이를 정확하게 계산하는 것은 힘들며 크기는 전 손실의 2~3[%] 정도 이하로 작다.

14 선형유도전동기는 다이렉트로 직선운동을 하는 전동기이다.

회전형 모터는 회전방향으로 무한연속운동을 하지만 리니어(선형)모터는 구조적으로 길이가 유한하여 단부가 존재하므로 단부효과(end effect)가 있게 된다. 또한 공극이 커서 공극의 자속분포, 추력특성 등에 있어서 영향을 크게 받아 효율이 좋지 못하다.

그러나 리니어모터는 일반적인 회전형 모터에 비해 직선 구동력을 직접 발생시키는 특유의 이점이 있으므로 직선구동력이 필요한 시스템에서 회전형에 비해 절대적으로 우세하다. 즉, 직선형의 구동시스템에서 회전형 모터에 의해 직선구동력을 발생시키고자 하는 경우에는 그림2와 같이 스크류, 체인, 기어시스템 등의 기계적인 변환장치가 반드시 필요하게 되는데, 이때 마찰에 의한 에너지의 손실과 소음발생이 필연적이므로 매우 불리하게 된다.

그러나 리니어모터를 응용하는 경우는 직선형의 구동력을 직접 발생시키므로 기계적인 변환장치가 전혀 필요치 않다. 따라서 구조가 복잡하지 않으며 에너지 손실이나 소음을 발생하지 않는 것은 물론이고 운전속도에도 제한을 받지 않는 등의 특유의 이점이 있게 된다.

단부효과는 속도가 높을수록 효과가 커진다.

정답 및 해설 12.③ 13.③ 14.①

15 단자전압이 200[V]에 4[kW]인 직류 분권 발전기의 유기기전력이 210[V]이고 계자저항이 1,000[Ω]이면 전기자저항[Ω]의 근삿값은?

① 0.3   ② 0.5

③ 0.7   ④ 0.9

16 실제 변압기 등가회로의 1차측이 다음과 같을 때, 등가회로의 회로 상수 중 누설 자속에 의한 영향을 가장 많이 받는 것은? (단, V_1, I_1, I_2, I_0는 각각 입력전압, 1차측 전류, 1차측 부하 전류, 여자 전류다.)

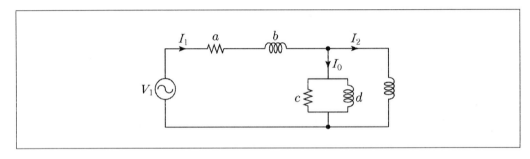

① a ② b

③ c ④ d

17 정격속도로 회전하는 분권 발전기의 자여자에 의한 전압 확립이 실패하는 이유로 가장 옳지 않은 것은?

① 발전기 내부의 잔류 자속이 부족한 경우

② 발전기를 반대 방향으로 회전시키는 경우

③ 계자 저항값이 임계 저항값보다 작은 경우

④ 계자 권선의 극성을 바꾸어 연결하는 경우

15 직류 분권발전기에서 $E = V + I_a R_a [V]$, 단자전압 $V = I_f R_f = 200 [V]$

계자전류 $I_f = \dfrac{V}{R_f} = \dfrac{200}{1000} = 0.2 [A]$

부하전류 $I = \dfrac{P}{V} = \dfrac{4 \times 10^3}{200} = 20 [A]$

따라서 전기자 전류는 20.2[A]

전기자 전압강하가 10[V]이므로 전기자 저항은 $R_a = \dfrac{10}{20.2} \fallingdotseq 0.5 [\Omega]$

16 이상적인 변압기에서는 권선의 저항을 생략하고 변압기 안에서는 손실이 없는 것으로 생각하지만 실제로는 변압기 권선에 저항이 있으므로 동손이 생기고 전압강하를 일으킨다.

그것을 표현하기 위해서 a는 1차권선의 저항을 밖으로 내놓은 것이다. 누설자속에 의해서 유도되는 기전력은 누설자속의 크기와 비례한다. 누설자속이 대부분 철심 밖을 통과하므로 발생되는 누설리액턴스를 b로 하여 밖으로 내놓은 것이다.

c, d는 여자전류에 의하여 생기는 철손전류와 자화전류를 표시한 것이다.

17 전압확립의 조건이란 발전기가 발전을 하기 위한 조건을 뜻한다. 우선 자여자식은 잔류자기가 있어야 전기자에 의해서 자속을 끊고 기전력을 만들면서 계자전류를 흘릴 수 있는 것이다. 만약에 발전기를 역회전시키면 잔류자기가 소멸되므로 발전을 할 수 없게 된다.

계자 권선의 극성을 바꾸어도 역회전되므로 발전을 할 수 없게 된다.

단자전압의 극성을 바꾸는 것은 계자저항과 전기자 저항이 모두 극성이 바뀌므로 역회전하지 않고 발전을 한다. 임계저항이라는 것은 계자전류와 무부하 전압이 이루는 저항선인데 이 저항선이 전압의 증가선(임계저항선) 이하가 되면 발전하는데 문제가 없지만 만약 임계저항 값보다 커지면 단자전압은 불안정하며 계자저항이 약간만 변동을 해도 단자전압은 심한 변동이 생긴다.

18 3상 동기 발전기에 무부하 전압보다 90° 뒤진 전기자 전류가 흐를 때, 전기자 반작용으로 가장 옳은 것은?

① 감자 작용을 받는다.

② 증자 작용을 받는다.

③ 교차 자화 작용을 받는다.

④ 자기 여자 작용을 받는다.

19 유도 전동기의 특성에서 토크와 2차 입력, 동기속도의 관계는?

① 토크는 2차 입력과 동기속도의 자승에 비례한다.

② 토크는 2차 입력에 반비례하고, 동기속도에 비례한다.

③ 토크는 2차 입력에 비례하고, 동기속도에 반비례한다.

④ 토크는 2차 입력과 동기속도의 곱에 비례한다.

20 마그네틱 토크만을 발생시키는 전동기는?

① 표면부착형 영구자석전동기

② 매입형 영구자석전동기

③ 릴럭턴스 동기전동기

④ 스위치드 릴럭턴스 전동기

18 3상 동기발전기에 무부하전압보다 90˚ 뒤진 전기자 전류가 흐르면 전기자 전류가 유도기전력보다 뒤지므로 전기자 전류가 만드는 자속은 유기기전력의 자속을 감소시킨다.
앞선 전류는 유기기전력의 자속을 증가시킴으로 증자작용을 한다.

19 유도전동기의 출력

$$P_0 = P_2(1-s) = T\omega = T\frac{2\pi N}{60}[W] 에서$$

$$P_2 = T\frac{2\pi N_s}{60}[W]$$

토크는 2차입력과 비례하고 속도 N과 반비례한다.

20 영구자석전동기
　㉠ 표면부착형 영구자석전동기 : 마그네틱 토크를 이용하는 전동기
　㉡ 릴럭턴스전동기 : 릴럭턴스 토크를 이용하는 전동기
　㉢ 매입형 영구자석전동기, 영구자석 보조형 릴럭턴스 전동기 : 마그네틱 토크와 릴럭턴스 토크를 모두 사용

정답 및 해설 18.① 19.③ 20.①

1 그림과 같이 인덕턴스만의 부하로 운전하는 동기 발전기에서 나타나는 전기자 반작용에 대한 설명으로 옳은 것은?

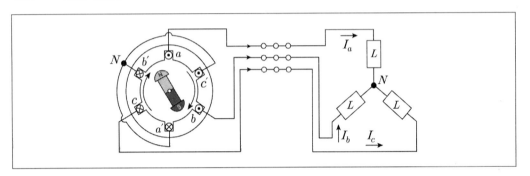

① 유도 기전력보다 $\frac{\pi}{2}$[rad]만큼 앞선 전기자 전류가 흐른다.

② 교차 자화 작용을 한다.

③ 직축 반작용을 한다.

④ 증자 작용을 한다.

2 단상 유도 전동기의 기동을 위한 기동 장치에 해당하지 않는 것은?

① 셰이딩 코일형　　　　　　　　② 분상 기동형

③ 콘덴서 기동형　　　　　　　　④ Y−△ 기동형

3 단상 변압기의 3상 결선 방식 중, 여자 전류의 3고조파가 순환 전류로 흐를 수 있으므로 기전력이 정현파이고 유도장애가 없으며, 발전소 저전압을 송전 전압으로 승압할 때 주로 사용되는 결선 방식은?

① Y−Y

② Y−△

③ △−△

④ △−Y

4 1차측 권수가 1,500인 변압기에서 2차측에 접속한 32[Ω]의 저항을 1차측으로 환산했을 때 800[Ω]으로 되었다면, 2차측 권수는?

① 100

② 150

③ 300

④ 600

---

1 인덕턴스만의 부하는 전류가 전압보다 위상이 $\frac{\pi}{2}$ 만큼 뒤지므로 동기발전기에서는 직축반작용의 감자작용을 하게 된다. 교차자화작용은 전압과 전류가 동상인 경우 발생하며, 증자작용은 전류가 진상의 경우 생기는 반작용 현상이다.

2 $Y-\triangle$ 기동방식은 농형유도전동기의 기동방식이다.
단상유도전동기의 기동방식으로 반발, 콘덴서, 분상, 셰이딩 코일 등이 있다.

3 변압기의 결선방식 중 발전소의 저전압을 송전전압으로 승압할 때 주로 사용되는 방식은 $\triangle - Y$ 방식이다.

4 변압비 $a = \dfrac{V_1}{V_2} = \dfrac{N_1}{N_2} = \sqrt{\dfrac{R_1}{R_2}}$ 에서

$$N_2 = N_1 \times \sqrt{\dfrac{R_2}{R_1}} = 1500 \times \sqrt{\dfrac{32}{800}} = 300[Turn]$$

정답 및 해설 1.③ 2.④ 3.④ 4.③

5 타여자 직류 전동기의 현재 속도가 1,000[rpm]이다. 동일한 부하에서 계자 전류, 단자 전압, 전기자 저항을 모두 2배로 증가시키는 경우 전동기의 회전 속도[rpm]는? (단, 계자 전류와 자속은 선형 관계이며, 전기자 반작용용 및 브러시 접촉에 의한 전압 강하는 무시한다)

① 500

② 1,000

③ 2,000

④ 4,000

6 직류 분권 발전기의 정격 전압이 220[V], 정격 출력이 11[kW], 계자 전류는 2[A]이다. 발전기의 유기 기전력[V]은? (단, 전기자 저항은 0.5[Ω]이고, 전기자 반작용 및 브러시 접촉에 의한 전압 강하는 무시한다)

① 174

② 194

③ 226

④ 246

7 동기 발전기의 병렬 운전 조건에 대한 설명으로 옳은 것만을 모두 고르면?

┌─────────────────────────────────────┐
│ ㉠ 기전력의 크기가 같을 것 │
│ ㉡ 기전력의 위상이 같을 것 │
│ ㉢ 기전력의 파형이 같을 것 │
│ ㉣ 기전력의 주파수가 같을 것 │
└─────────────────────────────────────┘

① ㉠, ㉢

② ㉠, ㉡, ㉣

③ ㉡, ㉢, ㉣

④ ㉠, ㉡, ㉢, ㉣

5 전동기의 회전속도는 역기전력에 비례하므로 $E = V - I_a R_a [V]$에서 동일한 부하에서 전압과 전기자 저항이 모두 2배로 증가했다면 유기기전력의 변화가 없으므로 회전속도는 동일하다.

6 직류분권발전기의 유기기전력

부하전류 $I = \dfrac{P}{V} = \dfrac{11 \times 10^3}{220} = 50[A]$

계자전류 $I_f = 2[A]$

전기자 전류 $I_a = I_f + I = 2 + 50 = 52[A]$

$E = V + I_a R_a = 220 + 52 \times 0.5 = 246[V]$

7 동기발전기 병렬운전 조건

기전력의 크기, 위상, 파형 및 주파수가 같아야 한다. 기전력이 다르면 무효횡류가 흐르고, 위상이 다르면 유효횡류가 흐른다. 따라서 주어진 예시 모두가 같아야 한다.

정답 및 해설 5.② 6.④ 7.④

8 0.5[Ω]의 전기자 저항을 가지는 직류 분권 전동기가 220[V] 전원에 연결되어 있다. 이 전동기에서 계자 전류는 고정되어 여자되며, 전부하 시 1,200[rpm]으로 운전하고 40[A]의 전기자 전류를 가진다. 전기자 회로에서 1[Ω]의 전기자 저항을 추가로 접속시켰을 때의 전동기 회전 속도[rpm]는? (단, 부하 토크는 일정한 값으로 유지하고 있고, 전기자 반작용 및 브러시 접촉에 의한 전압 강하는 무시한다)

① 800
② 960
③ 1,400
④ 1,500

9 풍력 발전기에서 사용되는 영구 자석형 동기 발전기에 대한 설명으로 옳지 않은 것은?

① 증속기어 없이 사용할 수 있다.
② 컨버터를 이용하여 유효 전력과 무효 전력을 모두 제어할 수 있다.
③ 브러시가 필요하기 때문에 지속적인 유지보수가 필요하다.
④ 유도기에 비해 발전효율이 높다.

10 정격 200[V], 5[kW]인 평복권(외분권) 직류 발전기의 분권 계자 저항이 100[Ω]이며, 직권 계자 및 전기자 저항이 각각 0.4[Ω] 및 0.6[Ω]이다. 이 발전기의 무부하 시 전기자 유기 기전력[V]은? (단, 전기자 반작용 및 브러시 접촉에 의한 전압 강하는 무시한다)

① 174
② 198
③ 202
④ 227

11 1차 및 2차 정격 전압이 같은 A, B 2대의 단상 변압기가 있다. 그 용량 및 임피던스강하가 A기는 25[kVA], 4[%], B기는 20[kVA], 3[%]일 때, 이 2대의 변압기를 병렬 운전하는 경우 A, B 변압기의 부하 분담비 $S_A : S_B$는?

① 15 : 16
② 21 : 13
③ 5 : 4
④ 3 : 4

12 정격 출력이 200[kVA]인 단상 변압기의 철손이 1[kW], 전부하 동손이 4[kW]이다. 이 변압기 최대 효율 시의 부하[kVA]는?

① 20

② 40

③ 70

④ 100

---

8 직류분권전동기의 회전속도는 역기전력에 비례한다.

전부하 시 역기전력은 $E = V - I_a R_a = 220 - 40 \times 0.5 = 200[V]$

전기자 회로에 1[Ω]의 저항을 추가하면 역기전력 $E' = V - I_a R_a = 220 - 40 \times 1.5 = 160[V]$

따라서 회전속도는 $200 : 1200 = 160 : x$ ∴ $x = 960[rpm]$

9 영구자석 동기발전기는 높은 출력밀도를 가진 영구자석을 사용함으로써 넓은 운전 범위와 고효율을 가지게 되며, 이를 통해 발전기의 경량화가 가능하고, 기어가 없기 때문에 하부구조 경량화가 가능하다. 브러시가 필요하지 않아 유지보수가 간편하다.

10 정격전압이 200[V]이고 계자저항이 100[Ω]이므로 계자전류는 2[A]

$I_f = \dfrac{V}{R_f} = \dfrac{200}{100} = 2[A]$

무부하에서 직류발전기 전기자 유기기전력은 $E = V + (R_a + R_s)I_f = 200 + (0.6 + 0.4) \times 2 = 202[V]$

11 변압기의 병렬운전에서 %Z가 다른 경우 부하 분담 비

$\dfrac{I_A}{I_B} = \dfrac{\%Z_B}{\%Z_A} \cdot \dfrac{P_A}{P_B} = \dfrac{3 \times 25}{4 \times 20} = \dfrac{75}{80} = \dfrac{15}{16}$

12 변압기의 최대효율 $P_i = (\dfrac{1}{m})^2 P_c$에서 $\dfrac{1}{m} = \sqrt{\dfrac{P_i}{P_c}} = \sqrt{\dfrac{1}{4}} = \dfrac{1}{2}$ 즉 전부하의 1/2부하에서 가장 효율이 높다.

전부하가 200[KVA]이므로 최대효율에서의 부하는 100[KVA]

13 단상 반파 위상 제어 정류 회로를 이용하여 200[V], 60[Hz]의 교류를 정류하고자 한다. 위상각 0[rad]에서의 직류 전압의 평균치를 E_0라고 할 때, 위상각을 $\dfrac{\pi}{3}$[rad]으로 바꾼다면 직류 전압의 평균치는?

① $\dfrac{3}{4}E_0$

② $\dfrac{2+\sqrt{2}}{4}E_0$

③ $\dfrac{2+\sqrt{3}}{4}E_0$

④ E_0

14 200[V], 10[kW], 6극, 3상 유도 전동기를 정격 전압으로 기동하면 기동 전류는 정격 전류의 400[%], 기동 토크는 전부하 토크의 250[%]이다. 이 전동기의 기동 전류를 정격 전류의 200[%]로 제한하는 단자 전압[V]은 얼마이며, 이때의 기동 토크는 전부하 토크의 몇 [%]인가?

	단자 전압[V]	기동 토크[%]
①	100	62.5
②	100	125
③	50	62.5
④	50	125

15 전력변환 장치에 대한 설명으로 옳지 않은 것은?

① AC-DC 컨버터로 쓰이는 회로는 일반적으로 정류기라고 부르며, 다이오드 정류기를 이용할 경우 전원 전압의 최댓값에 의하여 평균 출력 전압의 크기가 고정된다.

② DC-DC 컨버터는 직류 전원을 반도체 소자와 수동 소자들을 이용하여 출력 전압을 변환하는 장치이다.

③ DC-AC 컨버터(인버터)는 교류의 크기는 임의로 변환 가능하지만 그 주파수는 변환할 수 없다.

④ 직접적으로 AC를 AC로 변환하는 컨버터는 주파수를 변경할 수 없는 장치도 있지만 주파수 변환이 필요할 경우에는 사이클로 컨버터를 사용한다.

13 단상반파 위상제어 정류회로에서 직류전압의 평균치는

$V_{av} = \dfrac{\sqrt{2}\,V}{\pi}(\dfrac{1+\cos\theta}{2})\,[V]$ 에서 위상각이 $0°$ 에서 $V_{av} = \dfrac{\sqrt{2}\,V}{\pi} = E_o\,[V]$

$V_{av} = \dfrac{\sqrt{2}\,V}{\pi}(\dfrac{1+\cos\dfrac{\pi}{3}}{2}) = \dfrac{3}{4}E_o\,[V]$

14 50[%] 탭이 최저이므로 이 탭을 사용하면 전동기의 기동전류는 공급전압에 비례하므로

$\dfrac{I_{sm}}{I_s} = \dfrac{200}{400} = \dfrac{V}{200\,[V]}$ 에서 단자전압 $V = 100\,[V]$

기동토크는 전압의 제곱에 비례하므로 $T_s = 250 \times 0.5^2 = 62.5\,[\%]$ 가 된다.

15 인버터란 직류(DC)를 교류(AC)로 전환하는 장치로서 공급된 전력을 받아 인버터 내에서 전압과 주파수를 가변시켜 이를 모터에 공급함으로써 모터의 속도를 제어하는 장치이다. 인버터 기술은 모터의 회전속도를 자유로이 변환할 수 있기 때문에 에어컨을 비롯해 청소기나 세탁기 등 자동제어 기능을 필요로 하는 가전제품에 많이 이용되고 있다. 미세한 제어가 가능하며, 에너지 절약 및 소음 절감 효과가 뛰어나다.

정답 및 해설 13.① 14.① 15.③

16 유도 전동기의 벡터 제어에 대한 설명으로 옳지 않은 것은?

① 대표적 방법으로는 V/f 일정제어가 있다.

② d − q변환에 의한 가상의 좌표계에서 제어한다.

③ 자속의 순시위치 정보가 필요하다.

④ 스칼라 제어에 비하여 응답성이 빠르고, 속도 및 위치 오차가 작다.

17 유도 전동기가 정지할 때 2차 1상의 전압이 220[V]이고, 6극 60[Hz]인 유도 전동기가 1,080[rpm]으로 회전할 경우 2차 전압[V]과 슬립 주파수[Hz]는?

	2차 전압[V]	슬립 주파수[Hz]
①	22	6
②	33	9
③	44	12
④	66	18

18 동기 발전기에서 단락비가 큰 기계에 대한 설명으로 옳은 것만을 모두 고르면?

> ㉠ 동기 임피던스가 크다.
> ㉡ 철손이 증가하여 효율이 떨어진다.
> ㉢ 전압변동률이 작으며 안정도가 향상된다.
> ㉣ 과부하 내량이 크고 장거리 송전선의 충전 용량이 크다.
> ㉤ 전기자 전류의 기자력에 비해 상대적으로 계자 기자력이 작아서 전기자 반작용에 의한 영향이 적게 된다.

① ㉠, ㉡, ㉣

② ㉠, ㉢, ㉤

③ ㉡, ㉢, ㉣

④ ㉢, ㉣, ㉤

16 유도전동기는 직류전동기에 비해 견고성과 무보수성의 장점을 가지고 있으면서도 그 제어 응답 특성 때문에 그 사용이 제한되어 왔다. 벡터제어기법으로 유도전동기를 직류전동기와 동등한 정도의 높은 응답성을 갖도록 제어가 가능해졌고 그에 따라 사용범위가 확대되었다. 이는 전력용 반도체 소자의 급속한 발전과 마이크로 프로세서의 출현에 의해 실용화되었다. 유도전동기의 벡터제어는 고정자 전류를 자속 성분전류와 토오크성분전류로 분리하여 독립제어 함으로써 직류전동기와 동등한 제어특성을 부여하기 위한 제어 방식이다. 이러한 벡터제어는 회전자 자속의 위치를 찾는 방법에 직접벡터제어와 간접벡터제어로 구분된다.

직접벡터제어는 자속을 직접 측정하거나 자속 추정기를 통하여 회전자 자속의 위치를 알아내고 간접벡터제어는 전동기의 회전속도에 슬립속도를 더해 그 적분한 값으로 회전자 자속의 위치를 구한다.

유도전동기의 순시 토크를 제어하기 위해서는 3상 전류가 고정자 권선에 흐를 때 자속성분전류, 토크성분전류가 얼마나 되는지 알아야 한다. 즉, 3개의 abc상 전류를 90도 위상 차를 갖는 2개의 d-q축 성분으로 변환하는 좌표변환을 이용하면 된다.

17 동기속도를 구하면 $N_s = \dfrac{120}{P}f = \dfrac{120 \times 60}{6} = 1200[rpm]$

슬립 $s = \dfrac{1200 - 1080}{1200} = 0.1, \quad 10[\%]$

그러므로 2차 전압 $E_2 = sE_1 = 0.1 \times 220 = 22[V]$

슬립주파수 $f_2 = sf_1 = 0.1 \times 60 = 6[Hz]$

18 단락비가 크면 동기임피던스가 적고, 따라서 동기 리액턴스가 적다. 동기 리액턴스가 적으려면 전기자 반작용이 적어야 하므로 자기저항을 크게 하려고 공극을 크게 한다. 공극이 크면 계자자속이 커져야 해서 계자전류를 크게 한다. 공극이 적은 기계에 비해 철이 많이 들기 때문에 철기계라고도 하며 중량이 무겁고 가격도 비싸다. 철기계로 하면 전기자 전류가 크더라도 전기자 반작용이 적으므로 전압변동률이 낮다. 기계에 여유가 있고 과부하 내량이 커서 자기여자 방지법으로 장거리 송전선로를 충전하기에 적합하다.

정답 및 해설 16.① 17.① 18.③

19 전력용 반도체 소자 중 IGBT(Insulated Gate Bipolar Transistor)에 대한 설명으로 옳지 않은 것은?

① IGBT는 PNPN 층으로 만들어져 있다.

② IGBT는 게이트 전류에 의해 제어되는 전류제어형 소자이다.

③ IGBT는 전력용 MOSFET와 전력용 BJT의 장점을 가지는 고전압 대전류용 전력용 반도체 소자이다.

④ IGBT는 게이트의 턴 온 및 턴 오프 동작을 위해서 정(+), 부(−) 전압을 인가하는 구동 회로를 사용한다.

20 이중 농형 유도 전동기에 대한 설명으로 옳지 않은 것은?

① 기동 토크가 크고 운전 효율이 좋다.

② 내부 도체는 외부 도체에 비해 낮은 저항의 도체 바로 구성된다.

③ 기동 시 내부 도체의 리액턴스가 바깥쪽 도체의 리액턴스보다 크다.

④ 기동 시 표피효과로 인하여 내부 도체로 전류가 대부분 흐른다.

19 절연 게이트 양극성 트랜지스터(Insulated gate bipolar transistor, IGBT)는 금속 산화막 반도체 전계효과 트랜지스터 (MOSFET)을 게이트부에 짜 넣은 접합형 트랜지스터이다. 게이트-이미터 간의 전압이 구동되어 입력 신호에 의해서 온/오프가 생기는 자기소호형이므로, 대전력의 고속 스위칭이 가능한 반도체 소자이다.

20 2중 농형 권선 중에 '외부도체(A)'는 황동 또는 동니켈합금과 같이 비교적 저항이 높은 도체를 사용하고 '내측의 도체(B)'에는 저항이 낮은 전기동의 도체를 사용한다.

2차 누설리액턴스는 외측의 농형도체 A보다는 내측의 농형도체 B가 훨씬 크다. 기동할 때에는 2차주파수가 1차주파수와 같기 때문에, 2차전류는 저항보다도 리액턴스에 의해 제한되므로 리액턴스가 큰 내측의 도체에는 전류가 거의 흐르지 않고, 대부분의 전류는 저항이 높은 외측도체로 흐르게 된다. 기동토크는 2차저항손에 비례하기 때문에 기동할 때에는 저항이 높은 외측 도체로 흐르는 전류에 의하여 큰 기동토크를 얻는다. 전동기가 기동하고 서서히 가속이 되면서 슬립이 적어지면 2차주파수가 적어지므로 누설리액턴스가 작아진다. 따라서 2차전류는 거의 저항만으로 제한되고 대부분 전류는 저항이 적은 내측 B도체로 흐르게 된다.

정답 및 해설 19.② 20.④

1 % 저항강하 및 % 리액턴스 강하가 각각 3 [%] 및 4 [%]인 변압기의 전압변동률 최댓값 ε_m [%]과 이때의 역률 $\cos\theta_m$ [pu]은?

	ε_m	$\cos\theta_m$
①	3.5	0.6
②	3.5	0.8
③	5.0	0.6
④	5.0	0.8

2 변압기의 효율이 최대인 경우는?

① 철손과 동손이 동일

② 철손이 동손의 $\dfrac{1}{\sqrt{2}}$ 배

③ 철손이 동손의 $\sqrt{2}$ 배

④ 철손이 동손의 $\sqrt{3}$ 배

3 유도전동기 원선도를 그리기 위해 실행하는 시험으로 옳지 않은 것은?

① 무부하시험

② 부하시험

③ 구속시험

④ 저항측정

1 변압기의 전압변동률 $\epsilon = p\cos\theta + q\sin\theta\,[\%]$

최대 전압변동률 $\epsilon_m = \sqrt{p^2 + q^2} = \sqrt{3^2 + 4^2} = 5\,[\%]$

이때의 역률 $\cos\theta = \dfrac{p}{\sqrt{p^2 + q^2}} = \dfrac{3}{5} = 0.6,\ 60\,[\%]$

2 변압기 효율

$$\eta_{\frac{1}{n}} = \frac{\dfrac{1}{n}V_{2n}I_{2n}\cos\theta}{\dfrac{1}{n}V_{2n}I_{2n}\cos\theta + P_i + \dfrac{1}{n^2}I_{2n}^2 R_{12}} \times 100 = \frac{V_{2n}\cos\theta}{V_{2n}\cos\theta + \dfrac{P_i\,n}{I_{2n}} + \dfrac{I_{2n}R_{12}}{n}} \times 100$$

변압기 효율이 최대가 되려면 손실이 최소가 되도록 하면 된다.

$\dfrac{P_i\,n}{I_{2n}} \times \dfrac{I_{2n}R_{12}}{n} = P_i \cdot R_{12}$ 가 되는데 이 값이 일정하다.

그러므로 $\dfrac{P_i\,n}{I_{2n}} = \dfrac{I_{2n}R_{12}}{n}$, $P_i = (\dfrac{1}{n})^2 I_{2n}^2 R_{12} = (\dfrac{1}{n})^2 P_c$

따라서 철손과 동손이 같을 때 최대 효율이 된다.

3 유도전동기의 원선도를 그리기 위해 필요한 시험

㉠ 저항측정 : 1차권선의 각 단자 사이를 직류로 측정한다.

㉡ 무부하시험 : 유도전동기를 무부하에서 정격전압, 정격주파수로 운전하고 이때의 무부하전류와 무부하입력을 측정한다.

㉢ 구속시험 : 유도전동기의 회전자를 구속하여 권선형회전자이면 권선을 슬립링에서 단락하고, 1차측에 정격주파수의 전압을 가하여 정격 1차전류와 같은 구속전류를 보내어 임피던스전압과 임피던스와트를 측정한다. 변압기의 단락시험과 유사하다.

정답 및 해설 1.③ 2.① 3.②

4 자기저항(reluctance)에 대한 설명으로 옳지 않은 것은?

① 공극이 증가하는 경우 자기저항은 증가한다.

② 일정 기자력에 대해 자속이 감소하는 경우 자기저항은 감소한다.

③ 자기저항은 인덕턴스와 반비례 관계이다.

④ 자기회로의 투자율이 증가하는 경우 자기저항은 감소한다.

5 일정 전압으로 운전 중인 분권 및 직권 직류전동기에서 기계적 각속도가 증가할 때, 토크의 변화로 옳은 것은? (단, 전기자 반작용과 자기포화는 무시한다)

<u>분권</u>   <u>직권</u>

① 속도의 제곱에 반비례하여 감소   일정한 기울기로 감소

② 속도의 제곱에 반비례하여 감소   속도의 제곱에 반비례하여 감소

③ 일정한 기울기로 감소   일정한 기울기로 감소

④ 일정한 기울기로 감소   속도의 제곱에 반비례하여 감소

6 1차 전압 4,400[V]인 단상 변압기가 전등 부하에 10[A]를 공급할 때의 입력이 2.2[kW]이면 이 변압기의 권수비 $\dfrac{N_1}{N_2}$은? (단, 변압기의 손실은 무시한다)

① 10   ② 20

③ 30   ④ 40

4 자기저항

$R = \dfrac{NI}{\varnothing} = \dfrac{l}{\mu A} [AT/wb]$ 이므로

기자력이 일정할 때 자속이 감소하면 자기저항은 증가한다.

5 직류전동기

$P = EI_a = T\omega = T\dfrac{2\pi N}{60} [W]$ 에서 일정전압으로 운전하면 토크와 속도는 반비례한다.

$T = \dfrac{P\varnothing I_a Z}{2\pi a} [N \cdot m]$, $T = k\varnothing I_a [N \cdot m]$ 으로 정리를 하면

㉠ 분권전동기는 토크와 전기자 전류가 비례한다. 부하가 현저히 증가를 하면 전기자 반작용이 증가하여 자속이 감소하고 토크는 일정한 기울기로 감소하게 된다.

㉡ 직권전동기는 $T = k_1 \varnothing I_a = k_1 k_2 I_a^2$ 의 관계가 있으므로 $T \propto \dfrac{1}{N^2}$ 이 되어 속도의 제곱에 반비례하여 토크가 감소한다.

6 1차 전압이 4400[V]인 단상변압기의 입력이 2.2[Kw]이면 전류는

$I_1 = \dfrac{P}{V_1} = \dfrac{2200}{4400} = 0.5[A]$

권수비와 전류비는 반비례하므로

$a = \dfrac{V_1}{V_2} = \dfrac{N_1}{N_2} = \dfrac{I_2}{I_1} = \dfrac{10}{0.5} = 20$

정답 및 해설 4.② 5.④ 6.②

7 2중 농형회전자를 갖는 유도전동기의 특징으로 옳지 않은 것은?

① 유도전동기의 비례추이 특성을 이용한 기동 및 운전을 한다.
② 기동상태에서 2차 저항이 작아진다.
③ 저슬립에서 회전자 바의 누설리액턴스가 작아진다.
④ 구조가 복잡하여 일반적 형태의 농형회전자보다 가격이 비싸다.

8 3상 동기발전기가 무부하 유기기전력 150[V], 부하각 45°로 운전되고 있다. 부하에 공급하는 전력을 일정하게 유지시키면서 계자 전류를 조정하여 부하각을 30°로 한 경우의 무부하 유기 기전력[V]은?

① $150\sqrt{2}$ ② $150\sqrt{3}$
③ $300\sqrt{2}$ ④ $300\sqrt{3}$

9 정격용량 20[kVA] 변압기가 있다. 철손은 500[W], 정격용량으로 운전 시 동손은 800[W]이다. 이 변압기를 하루에 10시간씩 정격용량으로 운전할 경우 전일효율[%]은? (단, 정격용량 운전 시 부하 역률은 0.9이다)

① 85.2   ② 88.1
③ 90.0   ④ 93.2

10 기동토크 24[Nm], 무부하 속도 1,200[rpm]인 타여자 직류전동기에 부하토크 T_L[Nm]과 속도 N[rpm] 사이의 관계가 $T_L = 0.02N$인 부하를 연결시켜 구동할 때의 전동기 출력[W]은? (단, 전기자 반작용과 자기포화는 무시한다)

① 200π ② 220π
③ 240π ④ 260π

7 2중 농형유도전동기는 기동할 때 2차 주파수가 1차 주파수와 같기 때문에(슬립 s=1) 2차 전류는 저항보다도 리액턴스에 의하여 제한된다. 따라서 리액턴스가 큰 내측의 도체에는 전류가 거의 흐르지 않고 대부분의 전류는 저항이 높은 외측도체로 흐르게 된다. 기동토크는 2차저항손에 비례하기 때문에 기동상태에서 2차 저항은 크다.

8 3상동기발전기의 출력

$P = \dfrac{EV}{Z_s} sin\delta [Kw]$ 에서 부하 공급전력이 일정하므로

$150 \times \sin 45° = E \times \sin 30°$

$E = \dfrac{150}{\sqrt{2}} \times 2 = 150\sqrt{2}\,[V]$

9 변압기의 전일효율

$\eta = \dfrac{20[KVA] \times 0.9 \times 10h}{20[KVA] \times 0.9 \times 10h + 0.5 \times 24h + 0.8 \times 10h} = 0.9,\ 90[\%]$

10 기동토크 24[Nm], 무부하속도 1200[rpm]이면 직류전동기의 출력은

$P = T\dfrac{2\pi N}{60} = 24 \times \dfrac{2\pi \times 1200}{60} = 960\pi\,[W]$

기동토크 $T_s = 0.02 N_o$와 같은

$T_L = 0.02 N$ 관계인 부하를 연결하는 것이므로

부하의 증가로 토크와 속도가 각각 $\dfrac{1}{2}$ 감소하게 된다.

따라서 $P = \dfrac{T}{2} \times \dfrac{2\pi \times \dfrac{1200}{2}}{60} = 12 \times \dfrac{2\pi \times 600}{60} = 240\pi\,[W]$

정답 및 해설 7.② 8.① 9.③ 10.③

11 전압이 일정한 모선에 접속되어 역률 1로 운전하고 있는 동기전동기의 계자 전류를 감소시킨 경우, 이 전동기의 역률과 전기자 전류의 변화는?

① 역률은 앞서게 되고 전기자 전류는 증가한다.

② 역률은 앞서게 되고 전기자 전류는 감소한다.

③ 역률은 뒤지게 되고 전기자 전류는 증가한다.

④ 역률은 뒤지게 되고 전기자 전류는 감소한다.

12 동기발전기에서 단락비에 대한 설명으로 옳지 않은 것은?

① 단락비가 크면 동기임피던스가 작다.

② 단락비가 크면 전기자 반작용이 작다.

③ 단락비가 작으면 전압변동률이 크다.

④ 단락비가 작으면 과부하 내량이 크다.

13 3상 반파 다이오드 정류회로의 저항 부하 시 맥동률[%]은?

① 4.04 　　　　　　　　② 17.7

③ 48.2 　　　　　　　　④ 121

14 220[V], 1,500[rpm], 50[A]에서 정격토크를 발생하는 직류 직권전동기의 전기자 저항과 직권계자 저항의 합이 0.2[Ω]이다. 같은 전압으로 이 전동기가 1,000[rpm]에서 정격토크를 발생하기 위해 전기자에 직렬로 삽입해야 할 외부 저항[Ω]은?

① 1.2 　　　　　　　　② 1.4

③ 1.6 　　　　　　　　④ 1.8

11 동기전동기의 V특성에서

역률 1로 운전하고 있는 동기전동기의 계자전류를 감소시키면 전기자전류는 증가하고 역률은 지상이 되어 리액터로 작용을 한다.

반대로 역률 1로 운전하고 있는 동기전동기의 계자전류를 증가시키면 전기자 전류는 증가하고 역률은 진상이 되어 콘덴서로 작용을 한다.

12 동기발전기의 단락비

단락비가 크면 공극이 커야 해서 철이 많이 들고 기계의 중량이 무겁고 가격이 비싸진다.

철기계로 하면 전기자 전류가 크더라도 전기자 반작용이 적으므로 전압변동률이 적으며, 기계에 여유가 있고, 과부하 내량이 크며 자기여자 방지법으로 장거리 송전선로를 충전하는 경우에 적합하다.

13 3상반파 정류회로의 맥동률

$$\nu = \frac{\text{출력전압에 포함된 교류성분}}{\text{출력전압의 직류성분}} = \frac{\sqrt{I_a^2 - I_d^2}}{I_d} = \sqrt{(\frac{I_a}{I_d})^2 - 1}$$

$$E_d = \frac{1}{\frac{2\pi}{3}} \int_{-\frac{\pi}{3}}^{+\frac{\pi}{3}} \sqrt{2}\, E cos\theta \, d\theta = \frac{3\sqrt{2}}{2\pi} E[\sin\theta]_{-\frac{\pi}{3}}^{+\frac{\pi}{3}} = \frac{3\sqrt{2}}{2\pi} E(\sin\frac{\pi}{3} + \sin\frac{\pi}{3}) = 1.17E[V]$$

$$I_d = \frac{E_d}{R} = 1.17\frac{E}{R}[A]$$

3상반파 교류 실횻값

$$I_a = \sqrt{\frac{1}{\frac{2\pi}{3}} \int_{-\frac{\pi}{3}}^{\frac{\pi}{3}} (\frac{\sqrt{2}\, E cos\theta}{R})^2 d\theta} = 1.185\frac{E}{R}[A]$$

따라서 $\nu = \sqrt{(\frac{I_a}{I_d})^2 - 1} = \sqrt{(\frac{1.185}{1.17})^2 - 1} \fallingdotseq 0.17$

17[%]

14 $E = V - (R_s + R_a)I_a = 220 - 0.2 \times 50 = 210[V]$

$P = EI_a = T\frac{2\pi N}{60}[W]$

정격토크는 $T = \frac{210}{\pi}[N \cdot m]$

정격토크에서 속도가 1000[rpm]으로 변하면

$P = \frac{210}{\pi} \times \frac{2\pi \times 1000}{60} = 7000[W]$ 출력이 감소한다. 전압이 같으므로

$P = EI_a = \{220 - (0.2 + R) \times 50\} \times 50 = 7000[W]$

$R = 1.4[\Omega]$

정답 및 해설 11.③ 12.④ 13.② 14.②

15 스테핑 전동기에서 1펄스의 스텝 각도가 1.8°, 입력펄스의 주기가 0.02[s]이면, 전동기의 회전속도[rpm]는?

① 12

② 15

③ 18

④ 21

16 6극, 60[Hz], 3상 권선형 유도전동기의 전부하 시의 회전수는 1,152[rpm]이다. 이때 전부하 토크와 같은 크기로 기동하려고 할 때 회전자 회로의 각 상에 삽입해야 할 저항[Ω]은? (단, 회전자 1상의 저항은 0.03[Ω]이다)

① 0.34

② 0.57

③ 0.72

④ 1.47

17 8극, 60[Hz], 53[kW]인 3상 유도전동기의 전부하 시 기계손이 3[kW]이고 2차 동손이 4[kW]일 때, 회전속도[rpm]는?

① 780

② 800

③ 820

④ 840

18 단상 반파 정류회로로 교류 실횻값 100[V]를 정류하면 직류 평균전압[V]은? (단, 정류기 전압강하는 무시한다)

① 45

② 90

③ 117

④ 135

15 1스텝 (1펄스) = 1.8°(2상 스테핑 모터)이므로 입력펄스의 주기가 0.02[s]이면

주파수는 $f = \dfrac{1}{T} = \dfrac{1}{0.02} = 50[Hz]$

모터 회전속도 [rpm] = 스텝각 (°) ÷ 360 ° × 펄스속도 (주파수: Hz) × 60

$rpm = \dfrac{1.8}{360} \times 50 \times 60 = 15$

16 6극, 60[Hz] 회전수 1152[rpm]의 전동기의 슬립을 구하면

$N = \dfrac{120f}{P}(1-s) = 1152[rpm]$, $s = 0.04$

전부하 토크로 기동하는 것이므로 $\dfrac{r_2}{s} = \dfrac{r_2 + R}{1}$ 에서

$\dfrac{r_2}{s} = \dfrac{0.03}{0.04} = \dfrac{0.03 + R}{1}$, $R = 0.72[\Omega]$

17 유도전동기의 슬립을 구하면

$s = \dfrac{P_{c2}}{P_2} = \dfrac{동손}{출력 + 기계손 + 동손} = \dfrac{4}{53 + 3 + 4} = 0.067$

따라서 회전속도

$N = \dfrac{120f}{P}(1-s) = \dfrac{120 \times 60}{8}(1 - 0.067) = 840[rpm]$

18 단상반파정류에서 직류 평균전압

$V_{av} = \dfrac{V_m}{\pi} = \dfrac{\sqrt{2}\,V}{\pi} = \dfrac{\sqrt{2} \times 100}{\pi} = 45[V]$

정답 및 해설 15.② 16.③ 17.④ 18.①

19 정격전압 200[V], 정격전류 50[A], 전기자 권선 저항 0.3[Ω]인 타여자 직류발전기가 있다. 이것을 전동기로 사용하여 전부하에서 발전기일 때와 같은 속도로 회전시키기 위해 인가해야 하는 단자전압[V]은? (단, 전기자 반작용은 무시한다)

① 185 ② 200

③ 215 ④ 230

20 그림은 3상 BLDC의 2상 통전회로와 각 상의 역기전력, 상전류 파형을 나타내고 있다. 구간 Ⓐ에서 도통되어야 할 스위치는?

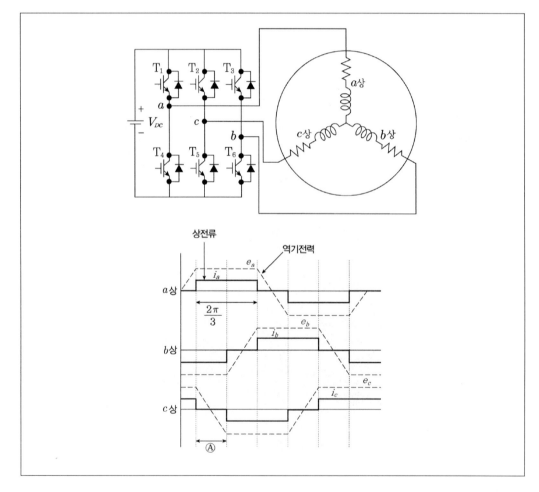

① T₁, T₄ ② T₁, T₅

③ T₁, T₆ ④ T₃, T₆

19 타여자 직류발전기의 유기기전력 $E = V + I_a R_a = 200 + 50 \times 0.3 = 215[V]$

전동기로 했을 때 역기전력이 같으려면 단자전압은

$E' = V - I_a R_a = 215[V]$, $V = 215 + I_a R_a = 215 \times 50 \times 0.3 = 230[V]$

20 BLDC모터의 a상이 +이므로 b상이 −가 되고 c상에 전원이 없는 구간이므로 T_1, T_6가 도통되어야 한다.

1 마그네틱 토크와 릴럭턴스 토크를 모두 발생시키는 전동기는?

① 스위치드 릴럭턴스 전동기

② 표면부착형 영구자석 전동기

③ 매입형 영구자석 전동기

④ 동기형 릴럭턴스 전동기

2 직류전동기에서 전기자 총도체수를 Z로, 극수를 p로, 전기자 병렬 회로수를 a로, 1극당 자속을 $\varPhi$로, 전기자 전류를 I_A로 나타낼 때, 토크 T[N · m]를 나타내는 것은?

① $\dfrac{Za}{2\pi p}\varPhi I_A$

② $\dfrac{Zp}{2\pi a}\varPhi I_A$

③ $\dfrac{Zp}{2\pi \varPhi}a I_A$

④ $\dfrac{Zp}{2\pi I_A}a\varPhi$

3 3상 권선형 유도전동기에서 회전자 회로의 저항(회전자 저항과 외부 저항의 합)을 2배로 하였을 때 나타나는 최대 토크 Tmax[N · m]에 대한 설명으로 가장 옳은 것은?

① 최대 토크는 2배가 된다.

② 최대 토크는 1/2배가 된다.

③ 최대 토크는 4배가 된다.

④ 최대 토크는 변하지 않는다.

4 3상 6극, 50[Hz] Y결선인 원통형 동기발전기의 극당 자속이 0.1[Wb], 1상의 권선수 10[turns], 3상 단락전류는 2[A]일 때 동기 임피던스의 값[Ω]은? (단, 권선계수는 1이다.)

① 25[Ω]

② 100[Ω]

③ 111[Ω]

④ 222[Ω]

---

1 영구자석 동기전동기(PMSM ; Permanent Magnet Synchronous Motor)는 영구자석의 부착형태에 따라 표면부착형과 매입형으로 분류할 수 있다. 표면부착형은 영구자석이 회전자 주변으로 일정한 두께로 배치되어 있어 어느 방향으로나 인덕턴스가 동일하지만 매입형의 경우에는 영구자석이 회전자 주변으로 자석이 균일하지 않아 인덕턴스가 다르다. 따라서 표면 부착형의 경우에는 마그네틱 토크만 고려하지만, 매입형의 경우에는 마그네틱 토크와 회전자 위치에 따라 발생하는 릴럭턴스 토크까지 고려해야 한다. 매입형의 경우는 표면부착형에 비해서 높은 토크를 발생시킬 수 있고 고속운전이 가능하지만 릴럭턴스의 변화로 인한 고조파진동과 소음이 발생할 수 있는 장, 단점이 있다.

2 직류전동기 토크

$p = EI_A = \omega T[w]$ 에서 유기기전력 $E = \dfrac{Z}{a} p \varnothing \dfrac{N}{60}[V]$, $\omega = 2\pi \dfrac{N}{60}[rad/s]$ 이므로

$\dfrac{Z}{a} p \varnothing \dfrac{N}{60} I_A = \dfrac{2\pi N}{60} T$

따라서 토크는 $T = \dfrac{Zp\varnothing}{2\pi a} I_A [N \cdot m]$

3 권선형 유도전동기의 최대 토크는

$T_{\max} = P_{2\max} (\text{동기와트}) = \dfrac{m_1 V_1^2}{2r_1 \pm \sqrt{r_1^2 \pm (x_1 + x_2')^2}} \fallingdotseq K \dfrac{V_1^2}{2x_2}$

유도전동기의 최대토크는 2차저항과 슬립에 관계없이 일정하다.

4 동기발전기 1상의 유도기전력 (권선계수 k=1)

$E = 4.44 f N \varnothing k = 4.44 \times 50 \times 10 \times 0.1 \times 1 = 222[V]$

단락전류 $I_s = \dfrac{E}{Z}[A]$ 이므로 동기임피던스 $Z = \dfrac{E}{I_s} = \dfrac{222}{2} = 111[\Omega]$

정답 및 해설 1.③ 2.② 3.④ 4.③

5 그림과 같은 유도전동기의 속도-토크 특성 곡선에서 점선으로 표시된 영역의 특징으로 가장 옳지 않은 것은?

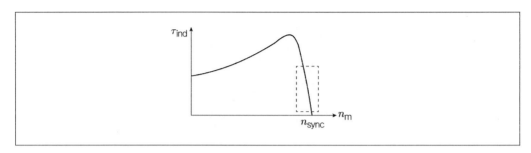

① 회전자 전류의 증가율은 무시할 정도로 작다.
② 슬립은 부하를 증가시킴에 따라 선형으로 증가한다.
③ 기계적 회전 속도는 부하 증가 시 선형으로 감소한다.
④ 회전자의 역률은 거의 1에 가깝다.

6 3상 4극 60[Hz] 유도전동기가 1746[rpm]으로 운전되고 있다. 2차측 등가 저항이 0.6[Ω]이고 출력이 5820[W]일 때, 2차측 전류의 값[A]은? (단, 기계손은 무시한다.)

① 8[A]
② 10[A]
③ 12[A]
④ 14[A]

7 어떤 단상 변압기의 1차측의 권선수는 1800[turns]이다. 이 변압기의 등가회로 해석을 위해 2차측의 4[Ω] 임피던스를 1차측으로 등가 환산하였더니 2.5[kΩ]으로 계산되었다. 이 변압기의 2차측 권선수의 값[turns]은?

① 63[turns]
② 72[turns]
③ 81[turns]
④ 90[turns]

5 지금 문제에 제시된 그림의 부분이 유도전동기의 정상운전범위를 뜻한다. 따라서 슬립이 커질수록 속도는 낮아지고 토크는 선형으로 증가한다. 기계적 회전속도는 부하가 증가하면 선형으로 감소하고, 슬립은 부하가 증가하면서 토크가 커져야 하므로 선형으로 증가한다. 동기속도 근처에서 회전자 역률은 거의 1이 된다. 회전자 전류의 증가율은 그림이 토크가 급격히 변하고 있는 것과 같이 심하게 변한다.

6 3상 4극 60[Hz]이면 동기속도 $N_s = \dfrac{120f}{P} = \dfrac{120 \times 60}{4} = 1800[rpm]$

슬립은 $s = \dfrac{1800 - 1746}{1800} \times 100 = 3[\%]$

2차 출력은 $P_0 = 2$차 입력 $-$ 동손 $= P_2 - P_{2c} = P_2 - r_2 I_2^2 [w]$

$P_0 = \dfrac{r_2}{s} I_2^2 - r_2 I_2^2 = r_2 (\dfrac{1}{s} - 1) I_2^2 [w]$

$P_0 = r_2 (\dfrac{1-s}{s}) I_2^2 [w]$ 에서 3상 출력이 5820[W]이므로 1상은 1940[W]

$1940 = 0.6 (\dfrac{1 - 0.03}{0.03}) I_2^2$ 으로부터 $I_2 = 10[A]$

7 변압비에서

$a = \dfrac{V_1}{V_2} = \dfrac{N_1}{N_2} = \dfrac{I_2}{I_1} = \sqrt{\dfrac{Z_1}{Z_2}}$ 이므로 $\dfrac{N_1}{N_2} = \sqrt{\dfrac{Z_1}{Z_2}} = \sqrt{\dfrac{2.5 \times 10^3}{4}} = 25$

따라서 $N_2 = \dfrac{N_1}{25} = \dfrac{1800}{25} = 72[turns]$

정답 및 해설 5.① 6.② 7.②

8 그림에서 나타내는 다상 유도전동기의 속도 제어법에 해당하는 것은?

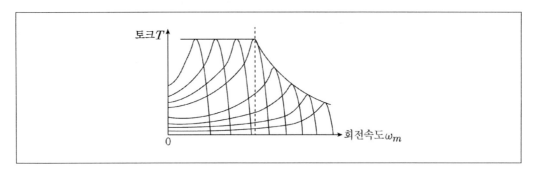

① V/f 일정 제어법과 약자속 제어법
② 2차 저항 제어법
③ V/f 일정 제어법
④ 주파수 제어법

9 단상변압기의 2차측을 개방할 경우, 1차측 단자에 60[Hz], 300[V]의 전압을 인가하면 2차측 단자에 150[V]가 유기되는 변압기가 존재한다. 1차측에 50[Hz], 2,000[V]를 인가하였을 경우, 2차측 무부하 단자전압의 값[V]은?

① 900[V] ② 950 [V]
③ 1,000[V] ④ 1,050[V]

10 유도전동기의 구속 시험에 대한 설명으로 가장 옳지 않은 것은?

① 구속 시험으로 철손 저항과 자화 리액턴스 계산이 가능하다.
② 정격에서의 자기포화 현상 고려를 위해 주파수를 조정한다.
③ 구속 시험에서는 정격전류가 흐르는 전압에서 공극자속밀도가 낮다.
④ 변압기의 단락 시험과 비슷한 특성을 갖는다.

11 3상 유도전동기의 출력이 95[W], 전부하 시의 슬립이 5[%]이면, 이때 2차 입력의 값[W]과 2차 동손의 값[W]은? (단, 기계손은 무시한다.)

① 90[W], 5[W]

② 85[W], 10[W]

③ 100[W], 5[W]

④ 105[W], 10[W]

---

8 그림에서 회전속도가 다단으로 제어되는 것을 알 수 있다.

유도전동기에서 전압과 주파수가 유도전동기의 운전에 미치는 영향은 매우 크다.

$E = 4.44 f N \varnothing [V]$에서 알 수 있는 것과 같이 일정한 자속을 유지하려면 $\dfrac{V}{f}$가 일정해야 한다.

$\dfrac{V}{f}$ 비가 일정하게 인가하면 전류와 토크는 모두 슬립주파수에 비례하기 때문에 그림과 같이 운전되어 정토크 운전을 하는 것과 유사하게 된다. (전반부)

토크와 속도가 반비례하는 후반부는 자속의 감소로 인하여 토크가 감소하는 부분이다.

9 변압비

$\dfrac{E_1}{E_2} = \dfrac{4.44 f N_1 \varnothing_m}{4.44 f N_2 \varnothing_m} = a$이므로 지금 1차측에 300[V]를 인가하면 2차측에 150[V]가 유기되므로 변압비는 2, 따라서 1차측에 2000[V]를 인가하면 2차측에는 1000[V]가 유기된다.

10 유도전동기의 구속시험은 유도전동기의 회전자를 회전하지 않도록 구속하여 권선형 회전자이면 2차 권선을 슬립링에서 단락하고, 1차측에 정격주파수의 전압을 가하여 정격 1차전류와 같은 구속전류를 보내 임피던스전압과 임피던스와트를 측정하는 것을 말한다.

구속시험은 변압기의 단락시험과 유사하므로 동손을 구할 수 있으나 철손을 구할 수는 없다.

11 2차입력 $P_2 = \dfrac{P_0}{1-s} = \dfrac{95}{1-0.05} = 100[w]$

2차동손 $P_{2c} = sP_2 = 0.05 \times 100 = 5[w]$

12 그림과 같이 110[VA], 110/11[V] 변압기를 승압 단권변압기 형태로 결선하였다. 이 동작 조건에서 1차측 단자전압이 110[V]일 때 변압기의 2차측 단자전압의 크기[V]와 출력측의 최대 피상전력의 값[VA]은? (단, 권선비 $N_{SE}/N_C = 1/10$이다.)

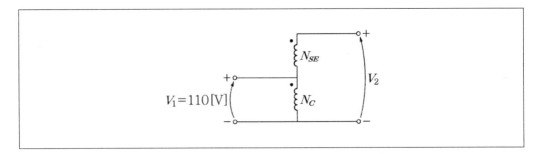

① 121[V], 1210[VA]

② 121[V], 1320[VA]

③ 132[V], 1210[VA]

④ 132[V], 1320[VA]

13 직류전동기의 역기전력이 150[V]이며 600[rpm]으로 회전하면서 15[N·m]의 토크를 발생하고 있을 때의 전기자 전류의 값[A]은? (단, π=3.14이고 계산값은 소수 둘째 자리에서 반올림한다.)

① 3.3[A]   ② 4.3[A]

③ 5.3[A]   ④ 6.3[A]

14 어떤 비돌극형 동기발전기가 1상의 단자전압 V는 280[V], 유도기전력 E는 288[V], 부하각 60°로 운전 중에 있다. 이 발전기의 동기 리액턴스 X_s는 1.2[Ω]일 때, 이 발전기가 가질 수 있는 1상의 최대 출력의 값[kW]은? (단, 전기자 저항은 무시한다.)

① 67.2[kW]   ② 58.2[kW]

③ 33.6[kW]   ④ 25.4[kW]

15 동기기의 제동권선의 역할로 가장 옳지 않은 것은?

① 동기전동기의 기동토크 발생에 기여한다.

② 동기기의 증속 또는 감속 시에 동기속도를 유지하는 데 기여한다.

③ 전력과 토크의 과도 상태의 크기를 감소시킨다.

④ 동기전동기 기동에서 일정한 크기와 방향의 토크를 발생시킨다.

---

12 단권 승압기 2차측 승압된 전압은

$$E_2 = E_1(1 + \frac{e_2}{e_1}) = 110 \times (1 + \frac{11}{110}) = 121[V]$$

출력측의 최대 피상전력의 값

$$\frac{\text{단권변압기 용량}}{\text{출력측의 피상전력}} = \frac{E_H - E_L}{E_H} = \frac{121 - 110}{121} \ \text{이므로}$$

$$\text{출력측의 최대피상전력} = \frac{121}{11} \times \text{단권변압기용량} = \frac{121 \times 110}{11} = 1210[VA]$$

13 $EI_A = \omega T = \frac{2\pi N}{60} T[w]$ 에서 전기자 전류 $I_A = \frac{2\pi N}{60E} T = \frac{2\pi \times 600}{60 \times 150} \times 15 = 6.3[A]$

14 비돌극형 동기발전기의 출력식은

$$P = \frac{EV}{x}\sin\delta = \frac{288 \times 280}{1.2}\sin 60° ≒ 58,195[W], \ 58.2[KW]$$

최대출력은 부하각이 $90°$ 인 경우이므로

$$P_{\max} = \frac{EV}{x}\sin 90° = \frac{288 \times 280}{1.2} \times 1 \times 10^{-3} = 67.2[KW]$$

15 동기기의 제동권선은 크게 두 가지의 역할을 한다.
   ㉠ 기동토크를 발생한다. 보통의 동기전동기는 자기기동을 한다. 이 경우 제동권선은 유도기의 농형권선과 같으므로 기동토크를 발생시킨다.
   ㉡ 난조를 방지한다. 동기속도에서 운전 중의 회전자는 슬립이 0인 상태로 회전하고 있는 것으로 제동권선을 어떤 작용도 하지 않는다. 그러나 난조가 일어나면 회전자가 진동하여도 농형회전자에 슬립이 생길 수가 없어서 부하각이 증가하는 때에는 가속하여 부하각을 줄이도록 하고, 반대로 부하각이 감소하는 때에는 속도를 감소하여 부하각이 커지도록 하는 작용을 한다. 따라서 언제나 동기속도를 유지할 수 있게 하는 역할을 한다.

정답 및 해설 12.① 13.④ 14.① 15.④

16 그림은 광범위한 속도 영역에서의 운전을 위한 제어방법을 적용한 타여자 직류전동기의 속도
−토크 특성 곡선을 나타낸다. 이에 대한 설명으로 가장 옳지 않은 것은?

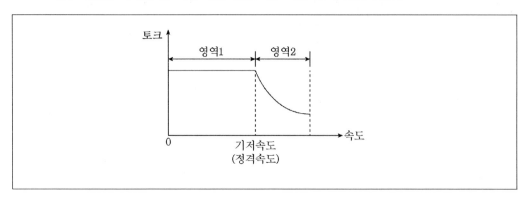

① 영역 1은 전압 제어에 의해 이루어진다.
② 영역 2는 계자 자속 제어에 의해 이루어진다.
③ 영역 1에서는 출력이 일정하다.
④ 영역 2에서는 전류가 일정하다.

17 단상변압기의 권수비가 20일 때, 전부하에서 2차측 단자전압은 220[V]이고 전압변동률이
5[%]인 경우 1차측 무부하 단자전압의 값[V]은?

① 4,000[V]   ② 4,180[V]

③ 4,400[V]   ④ 4,620[V]

18 지상 역률로 동작하고 있는 동기전동기가 일정 출력을 발생시키고 있다. 이때, 계자 자속을
증가시킴에 따라 일어나는 현상으로 가장 옳지 않은 것은?

① 계자 자속 제어를 통해 역률 제어가 가능하다.
② 전동기는 유도성 부하 동작에서 용량성 부하 동작으로 바뀐다.
③ 동기전동기의 V특성으로 설명된다.
④ 일정한 부하각을 유지할 수 있다.

19 유도기의 슬립이 0보다 작은 경우의 설명으로 가장 옳은 것은?

① 유도기는 전동기로 동작한다.

② 유도기 구동 시스템의 운동 에너지가 전원에 공급된다.

③ 유도기는 회전자의 회전 방향으로 토크를 발생시킨다.

④ 유도기 회전자의 회전 속도가 회전자계의 회전 속도보다 느리다.

---

16 전동기의 출력은 $P = T\omega[w]$로서 정토크가 되려면 속도와 출력은 비례해야 하고 토크와 속도가 반비례하다면 출력은 일정한 것이다. 따라서 영역 1은 토크가 일정한 것으로 출력은 속도와 비례한다.

전압제어는 계자회로에 영향을 주지 않는 방식으로 전기자회로의 전압만 변화시켜서 속도를 제어하는 방식이다. 따라서 전압과 속도가 변하고 토크는 일정한 방식이다.

영역2는 계자의 전류를 변화시켜서 자속의 크기를 바꾸는 방식이다. 계자제어 영역에서 전기자 전류를 일정하게 유지하면 자속과 회전속도가 반비례하기 때문에 출력은 거의 일정한 정출력 특성을 갖는다.

17 $\dfrac{V_1}{V_2} = \dfrac{N_1}{N_2} = 20$

2차측의 단자전압이 220[V]이면 1차측 단자전압은 $220 \times 20 = 4400[V]$

전압변동률이 5[%]이므로 1차측 단자전압은 $4400 \times 1.05 = 4620[V]$

18 동기전동기의 공급전압과 부하를 일정하게 유지하면서 계자전류를 변화시키면 전기자 전류의 크기도 변화할 뿐만 아니라 역률도 동시에 변화한다. 계자 자속을 증가시키면 유도성에서 용량성으로 변화하며 V특성으로 설명될 수 있다. 즉 전기자 전류의 최솟값에서 계자전류를 감소시키면 유도성회로에 전기자 전류는 증가하고, 계자 전류를 증가하면 용량성회로로서 전기자 전류도 증가하는 것이다. 이와 같은 현상을 이용해서 전력계통에 무효전력을 공급하고 역률을 개선시킨다. 부하각을 유지하는 것은 역률을 변화할 수 없다는 말로서 답이 되지 않는다.

19 유도기의 회전수 $N = \dfrac{120f}{P}(1-s)[rpm]$으로 유도기의 슬립이 0이면 동기속도($N_s = \dfrac{120f}{P}[rpm]$)로 회전하는 것이고, 슬립이 1이면 정지상태이다.

슬립이 0보다 작은 경우에는 발전상태로서 유도기에서 전원으로 에너지가 공급되는 상태가 된다. 슬립이 1보다 크면 제동상태이다. 따라서 유도전동기의 슬립의 범위는 $0 < s < 1$이다.

정답 및 해설 16.③ 17.④ 18.④ 19.②

20 스위치드 릴럭턴스 전동기(Switched Reluctance Motor, SRM)에 대한 설명으로 가장 옳지 않은 것은?

① 회전자 구조가 간단하여 기계적으로 강건하다.

② 영구자석을 사용하므로 더 높은 출력을 얻을 수 있다.

③ 이중 돌극 구조를 가지므로 토크 맥동이 크다.

④ 회전자가 회전함에 따라 자기 인덕턴스가 변한다.

20 릴럭턴스 전동기는 회전자 돌극구조에 의한 릴럭턴스 토크가 발생하는 전동기로서 회전자에 영구자석이나 권선이 없어 구조가 간단하다. 스위치드 릴럭턴스 전동기는 이중 돌극 구조를 가지므로 토크 맥동이 크고, 회전자가 회전함에 따라 자기 인덕턴스도 변한다. 이에 반해 동기형 릴럭턴스 전동기는 이를 개선하여 맥동과 소음을 줄인 전동기이다.

정답 및 해설 20.②

6월 13일 | 제1회 지방직
제2회 서울특별시 시행

1 동기전동기의 위상특성곡선에 대한 설명으로 옳지 않은 것은?

① 역률 1에서 전기자전류는 최소가 된다.

② 전기자전류가 일정할 때 부하와 계자전류의 변화를 나타낸 곡선이다.

③ 계자전류가 증가하여 동기전동기가 과여자 상태로 운전되면 전기자전류는 진상전류가 된다.

④ 계자전류가 감소하여 동기전동기가 부족여자 상태로 운전되면 전기자전류는 지상전류가 된다.

2 동기전동기에 설치된 제동권선의 역할에 대한 설명으로 옳은 것은?

① 역률을 개선한다.

② 난조를 방지한다.

③ 효율을 좋게 한다.

④ 슬립을 1로 한다.

3 변압기에서 2차측 정격전압이 200[V]이고 무부하전압이 210[V]이면 전압변동률[%]은?

① 3
② 4.7
③ 5
④ 15.5

4 권수비 $\dfrac{N_1}{N_2}$이 60인 변압기의 1차측에 교류전압 6,000[V]를 인가하고, 2차측에 저항 0.5 [Ω]을 연결하였을 때, 변압기 2차측 전류[A]는? (단, 1차측 권선수는 N_1, 2차측 권선수는 N_2이고, 변압기의 손실은 무시한다)

① 100
② 110
③ 200
④ 220

5 일정한 속도로 운전 중인 3상 유도전동기를 제동하기 위하여 고정자 a상, b상, c상 권선 중 b상과 c상의 두 권선을 서로 바꾸어 전원에 연결하였다. 이 경우 발생하는 현상으로 옳지 않은 것은?

① 역 토크가 발생하여 감속한다.

② 발생된 전력을 전원으로 반환한다.

③ 회전자계의 방향이 역전된다.

④ 농형은 회전자에서 열이 발생한다.

---

1 동기전동기의 위상특성곡선은 계자전류가 변화할 때 전기자전류의 변화 관계를 알 수 있다. 계자전류가 증가하여 과여자가 되면 진상전류를 흘려 역률을 높이고, 계자전류가 감소하여 지상전류를 흘리면 페란티 현상을 억제할 수 있다.
전기자전류는 계자전류의 변화에 따라 변하는 특성곡선이다.

2 동기전동기의 제동권선의 역할은 난조를 방지하여 안정도를 높이는 것과 자기동을 할 수 있는 토크를 얻는 것이다.

3 전압변동률 $\delta = \dfrac{V_{20} - V_{2n}}{V_{2n}} \times 100 = \dfrac{210 - 200}{200} \times 100 = 5[\%]$

4 권수비가 전압비이므로 2차측 전압은

$a = \dfrac{V_1}{V_2} = 60, \quad V_1 = 6000[V]$ 이면 $V_2 = 100[V]$

변압기 2차측 전류 $I_2 = \dfrac{V_2}{R} = \dfrac{100}{0.5} = 200[A]$

5 3상 유도전동기의 두 권선을 바꾸면 회전자계의 방향이 반대로 되어 제동이 걸리게 된다. 발생된 전력을 전원으로 반환하는 제동방식은 회생제동이라 한다.

정답 및 해설 1.② 2.② 3.③ 4.③ 5.②

6 전동기에서 히스테리시스손과 자기 히스테리시스 루프 면적의 관계는?

① 비례한다.   ② 반비례한다.

③ 제곱에 비례한다.   ④ 제곱에 반비례한다.

7 직류기에서 계자와 전기자 권선에 흐르는 전류에 의한 줄(Joule) 열로 발생하는 손실은?

① 히스테리시스손

② 기계손

③ 표유부하손

④ 동손

8 스테핑 전동기의 특성이 아닌 것은?

① 슬립제어를 통해 광범위한 속도제어가 가능하다.

② 입력 펄스의 제어를 통해 정밀한 운전이 가능하다.

③ 정류자, 브러시 등의 접촉 부분이 없어 수명이 길다.

④ 기동, 정지, 정역회전이 이루어지는 제어에 적합하다.

9 단상 반파 다이오드 정류회로에서 정현파 교류전압을 인가하여 직류전압 100[V]를 얻으려 한다. 다이오드에 인가되는 역방향 최대전압[V]은? (단, 부하는 무유도 저항이고, 다이오드의 전압강하는 무시한다)

① 100   ② $100\sqrt{2}$

③ $100\sqrt{3}$ ④ 100π

10 전동기의 토크를 크게 하는 방법이 아닌 것은?

① 자속밀도를 증가시킨다.

② 전류를 증가시킨다.

③ 코일의 턴수를 증가시킨다.

④ 공극을 증가시킨다.

---

6 코일에서 전류가 매우 천천히 변화하는 자계의 세기에 대한 B-H루프(자기 히스테리시스 루프)는 히스테리시스 루프 또는 정적 루프라 한다. 코일에 흐르는 전류가 매우 빠르게 변하면 B-H루프는 철심에서 유도되는 와전류의 영향으로 면적이 넓어지게 된다. 이렇게 커지는 루프를 히스테리와전류 루프 또는 동적 루프라 한다. 철심의 손실은 히스테리시스손실과 와전류 손실로도 계산되지만 B-H면적으로도 계산이 된다. 따라서 철손의 대부분인 히스테리시스손은 히스테리시스 루프 면적과 비례한다.

$$P_c = V_{core} f \oint HdB \quad 철심의 체적 \times 주파수 \times 동적루프의 면적$$

7 동손은 구리선의 저항 중에 전류가 흘러서 발생하는 줄열로 인한 손실로서 저항손이라고도 하며 부하전류 및 자전류에 의해서 생기는 손실로 전기자권선, 분권계자권선, 보극권선, 보상권선의 저항손이 있다. 이외에 브러시 및 계자저항기 등에서도 발생한다.

8 ① 슬립제어를 통해 광범위한 속도제어를 하는 것은 권선형 유도전동기의 경우이다.

9 단상 반파 다이오드 정류회로에서 $PIV = \pi V = 100\pi[V]$

10 토크 $T = \dfrac{PZ\varnothing I_a}{2\pi a} = K\varnothing I_a[N \cdot m]$의 식에서 알 수 있듯이 토크는 자속과 번기자전류에 비례한다. 또한 코일의 턴수가 커지면 유기기전력이 커지므로 출력이 커져서 토크가 증가한다.

④ 공극이 커지는 것은 자기저항이 커지는 것이므로 자속이 감소하게 되어 토크가 증가할 수 없다.

정답 및 해설 6.① 7.④ 8.① 9.④ 10.④

11 이상적인 변압기에 대한 설명으로 옳지 않은 것은?

① 1차측 주파수와 2차측 주파수는 같다.
② 직류전원을 공급하면 교번 자기력선속이 발생하지 않는다.
③ 부하에 무효전력을 공급할 수 없다.
④ 철심의 투자율이 무한대이다.

12 영구자석을 사용하여 자속을 발생시키는 전동기가 아닌 것은?

① BLDC 전동기
② PM형 스테핑 전동기
③ 유도전동기
④ PMSM 전동기

13 6극 동기발전기의 회전자 둘레가 2[m]이고, 60[Hz]로 운전할 때 회전자 주변속도[m/s]는?

① 10   ② 20
③ 30   ④ 40

14 전력용 반도체 소자 중 3단자 소자가 아닌 것은?

① DIAC   ② SCR
③ GTO   ④ LASCR

11 이상적인 변압기 … 에너지 축적도 손실도 없는 가상변압기

ⓐ 자기인덕턴스 및 상호인덕턴스는 같고, 순인덕턴스는 무한대이다.

ⓑ 자기인덕턴스는 유한의 비를 갖는다.

ⓒ 결합계수 K=1

ⓓ 누설자속이 없다.

ⓔ 2차 전압에 대한 1차 전압의 비는 1차 전류에 대한 2차 전류의 비와 같다.

ⓕ 권선저항은 무시한다.

ⓖ 철심의 투자율은 무한대이다.

따라서 1차와 2차의 기자력이 같으며 2차 전류의 크기를 1차측에서도 측정할 수 있다는 것을 의미한다.

이상적 변압기 $a = \dfrac{V_1}{V_2} = \dfrac{N_1}{N_2} = \dfrac{I_2}{I_1}$

12 ③ 유도전동기는 3상 회전자계를 이용하기 때문에 따로 자속을 만들 필요가 없다.

※ 영구자석을 사용하여 자속을 발생시키는 전동기

ⓐ 영구자석 동기전동기(Permanent Magnet Synchronous Motor, PMSM)는 계자에 영구자석을 사용한 동기 전동기다.

ⓑ 영구자석 직류전동기(Permanent Magnet DC Motor, PMDC)는 일반전동기에서 고정자에 사용되는 전자석 대신 영구자석을 사용한다.

ⓒ BLDC전동기는 회전자에 영구자석을 채용한다.

13 회전자 주변속도

$v = \pi D \dfrac{N_s}{60} = \pi D \dfrac{1}{60} \dfrac{120f}{P} = 2 \times \dfrac{1}{60} \times \dfrac{120 \times 60}{6} = 40[m/\sec]$

(πD는 회전자 둘레 2[m])

14 ① DIAC은 쌍방향성 2단자 소자이다.

15 이상적인 변압기의 2차측에서 전압 200[V]와 전류 2[A]를 얻었다. 2차회로 임피던스를 1차 회로측으로 환산한 임피던스가 400[Ω]일 때, 변압기의 권수비 $\dfrac{N_1}{N_2}$와 1차측 전압[V]은? (단, 1차측 권선수는 N_1, 2차측 권선수는 N_2이다)

	권수비	1차측 전압
①	2	100
②	2	400
③	4	100
④	4	400

16 유도전동기에서 회전자가 동기속도로 운전할 때, 슬립 s는?

① s=0

② 0 < s < 1

③ s=1

④ 1 < s

17 4극 직류발전기가 1,000[rpm]으로 회전하면 유기기전력이 100[V]이다. 회전속도가 80 [%]로 감소하고, 자속이 두 배가 되었을 때 유기기전력[V]은?

① 40 ② 62.5

③ 160 ④ 250

18 정격출력 9[kW], 60[Hz] 4극 3상 유도전동기의 전부하 회전수가 1,620[rpm]이다. 전부하로 운전할 때 2차 동손[W]은? (단, 기계손은 무시한다)

① 800 ② 1,000

③ 1,200 ④ 1,400

15 2차측의 전압 200[V]와 전류 2[A]에서 2차측 저항은 100[Ω]

2차회로 임피던스를 1차로 환산하면

$$a = \frac{N_1}{N_2} = \sqrt{\frac{R_1}{R_2}}$$

$$R_1 = a^2 R_2 = a^2 \times 100 = 400[\Omega]$$

$$a = 2$$

권수비가 2가 되므로 1차측 전압은 400[V]

16 유도전동기의 슬립의 범위 $0 < s < 1$

$s = 1$ 전동기 정지상태

$s = 0$ 동기속도

17 직류발전기에서 $E = K\emptyset N[V]$이므로 유기기전력은 속도와 비례하고 자속에 비례한다.

따라서 회전속도가 0.8배이고 자속이 2배가 되면

$$E^{'} = K \cdot 2\emptyset \cdot 0.8N = 1.6K\emptyset N = 1.6 \times 100 = 160[V]$$

18 4극 60[Hz]이면 동기속도 $N_s = \dfrac{120f}{P} = \dfrac{120 \times 60}{4} = 1,800[rpm]$

슬립 $s = \dfrac{1,800 - 1,620}{1,800} \times 100 = 10[\%]$

$$s = \frac{동손}{2차입력} = \frac{동손}{출력(9kW) + 동손} = 0.1$$

$$P_{2c} = 1,000[W]$$

19 8극 선형 유도전동기의 극 간격(pole pitch)은 0.5[m]이고 전원 주파수는 60[Hz]이다. 가동부의 속도가 48[m/s]일 때 슬립 s는?

① 0.01

② 0.1

③ 0.15

④ 0.2

20 그림과 같은 단상 전파 위상제어 정류회로에서 전원전압 v_s의 실횻값은 220 [V], 전원 주파수는 60 [Hz]이다. 부하단에 연결되어 있는 저항 R은 20 [Ω]이고 사이리스터의 지연각(점호각) $\alpha = 60°$라 할 때, 저항 R에 흐르는 전류의 평균값[A]은? (단, 부하에 연결된 인덕턴스 L은 $L \gg R$로 충분히 큰 값을 가진다)

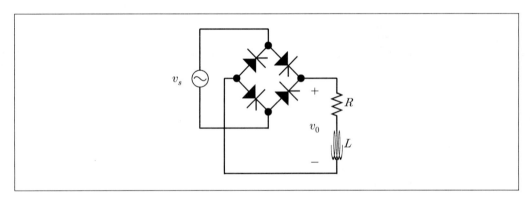

① 22

② $11\sqrt{2}$

③ $\dfrac{22}{\pi}$

④ $\dfrac{11\sqrt{2}}{\pi}$

19 8극 선형 유도전동기의 극 간격이 0.5[m]이므로 둘레의 길이 $8 \times 0.5 = 4[m]$

$$N_s = \frac{120}{P}f = \frac{120}{8} \times 60 = 900[rpm]$$

$$v = \pi D \frac{N}{60} = 0.5 \times 8 \times \frac{N}{60} = 48[m/s], \ N = 720[rpm]$$

따라서 슬립 $s = \frac{900 - 720}{900} = 0.2$

20 단상 전파이므로

$$I_a = \frac{E_d}{R} = \frac{2\sqrt{2}E}{\pi R}cos\theta = \frac{2\sqrt{2} \times 220}{\pi \times 20} \times \frac{1}{2} = \frac{11\sqrt{2}}{\pi}[A]$$

정답 및 해설 19.④ 20.④

1 정격전압 6,600[V], 정격전류 300[A]인 3상 동기발전기에서 계자전류 180[A]일 때 무부하 시험에 의한 무부하 단자전압은 6,600[V]이고, 단락시험에 의한 3상 단락전류가 300[A]일 때 계자전류는 120[A]이다. 이 발전기의 단락비는?

① $\dfrac{3}{5}$ ② $\dfrac{5}{3}$

③ $\dfrac{2}{3}$ ④ $\dfrac{3}{2}$

2 단상반파 정류회로 정류기에서 입력교류 전압의 실횻값을 E[V]라고 할 때, 직류전류 평균값 [A]은? (단, 정류기의 전압강하는 e[V]이고, 부하저항은 $R[\varOmega]$이다)

① $\left(\dfrac{\sqrt{2}}{\pi}E - e\right) \times \dfrac{1}{R}$ ② $\left(\dfrac{2}{\pi}E - e\right) \times \dfrac{1}{R}$

③ $\left(\dfrac{2\sqrt{2}}{\pi}E - e\right) \times \dfrac{1}{R}$ ④ $\left(\dfrac{1}{\pi}E - e\right) \times \dfrac{1}{R}$

3 직류발전기의 구성 요소에 대한 설명으로 옳지 않은 것은?

① 계자(field) : 전기자가 쇄교하는 자속을 만드는 부분

② 브러시(brush) : 정류자면에 접촉하여 전기자 권선과 외부회로를 연결하는 부분

③ 전기자(armature) : 동기로 회전시켜 자속을 끊으면서 기전력을 유도하는 부분

④ 정류자(commutator) : 브러시와 접촉하여 전기자 권선에 유도되는 기전력을 교류로 변환하는 부분

4 60[Hz] 8극인 3상 유도전동기의 전부하에서 슬립이 5[%]일 때 회전자의 속도[rpm]는?

① 855

② 870

③ 885

④ 900

---

1 단락비

$K = \dfrac{I_s}{I_n} = \dfrac{100}{\%Z}$ 단락전류는 무부하 시험으로 구하고, 정격전류는 단락곡선으로 구한다.

$K = \dfrac{I_s}{I_n} = \dfrac{\text{무부하 시험으로 정격전압을 구할 때 계자전류}}{\text{단락시험으로 단락전류를 구할 때 계자전류}} = \dfrac{180}{120} = \dfrac{3}{2}$

2 단상반파에서 전압강하를 고려한 직류전압 $E_d = \dfrac{E_m}{\pi} - e\,[V]$

따라서 $I_d = \dfrac{E_d}{R} = (\dfrac{E_m}{\pi} - e)/R = (\dfrac{\sqrt{2}\,E}{\pi} - e)/R\,[A]$

3 정류자(commutator) … 브러시와 접촉하여 전기자 권선에 유도되는 교류기 전력을 정류해서 직류로 만드는 부분

4 동기속도 $N_s = \dfrac{120f}{P} = \dfrac{120 \times 60}{8} = 900\,[rpm]$ 이므로

회전자의 속도 $N = (1-s)N_s = 0.95 \times 900 = 855\,[rpm]$

정답 및 해설 1.④ 2.① 3.④ 4.①

5 그림과 같은 속도특성과 토크특성 곡선을 나타내는 직류전동기는? (단, 자속의 포화는 무시한다)

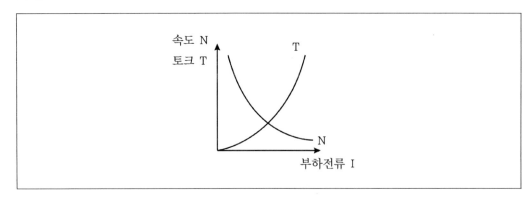

① 직권 전동기

② 분권 전동기

③ 가동복권 전동기

④ 차동복권 전동기

6 그림과 같이 3상 220[V], 60[Hz] 전원에서 슬립 0.1로 운전되고 있는 2극 유도전동기에 4극 동기발전기가 연결되어 있을 때, 동기발전기의 출력전압 주파수[Hz]는? (단, 기어1과 기어2의 기어비는 1:2이다)

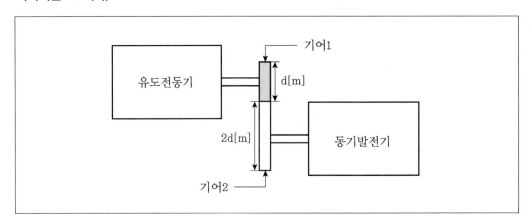

① 50

② 54

③ 98

④ 108

7 단권변압기(auto-transformer)에 대한 설명으로 옳지 않은 것은?

① 1차측과 2차측이 절연되어 있지 않아 저압측도 고압측과 같은 절연을 시행하여야 한다.

② 동일 출력에서 일반 변압기에 비해 소형이 가능하며 경제적이다.

③ 권수비가 1에 가까울수록 동손이 적고 누설자속이 없어 전압변동률이 작다.

④ 3상 결선에는 사용할 수 없다.

---

5 직류전동기에서

직권 전동기 $T \propto \dfrac{1}{N^2}$, $T \propto I^2$

분권 전동기 $T \propto \dfrac{1}{N}$, $T \propto I$ 이므로 토크는 부하전류의 제곱에 비례하는 직권 전동기의 특성을 나타낸다.

6 유도전동기가 슬립 0.1로 운전하므로 회전수는 $N = \dfrac{120f}{P}(1-s) = \dfrac{120 \times 60}{2} \times 0.9 = 3,240[rpm]$

기어비가 1:2이므로 속도는 1/2

따라서 동기발전기의 속도는 1,620[rpm]

동기발전기의 극수가 4이므로 주파수는 $N_s = \dfrac{120}{P}f$, $1,620 = \dfrac{120}{4}f$ 에서 $f = 54[Hz]$

7 ④ 단권변압기에 의해서도 3상 변압을 할 수 있다. 결선방법에는 Y결선, 델타결선, 변연장 델타결선 및 V결선 등 네 가지가 있다.

※ 단권변압기

　ㄱ 동량을 줄일 수 있어 중량감소, 비용감소, 조립수송이 간단하다.

　ㄴ 효율이 높으며, 전압변동률이 적고, 계통의 안정도가 증가한다.

　ㄷ 동손이 작다.

　ㄹ 분로권선에는 누설자속이 없으므로 리액턴스가 작다.

　ㅁ 소용량 변압기로 큰부하를 걸수 있다.

　ㅅ 1차권선과 2차권선이 공통으로 되어있고 그 사이가 절연되어 있지 않으므로 저압측도 고압측과 같은 절연을 하여야 한다.

정답 및 해설 5.① 6.② 7.④

8 농형 유도전동기의 기동법에 대한 설명으로 옳지 않은 것은?

① 전전압 기동은 5[kW] 이하의 소용량 전동기에 정격전압을 직접 가하여 기동하는 방법이다.

② $Y-\triangle$ 기동은 기동 시에는 고정자 권선을 Y결선하여 기동하고 운전상태에서는 고정자 권선을 $\triangle$ 결선으로 변경하는 방법이다.

③ 와드 레오나드(Ward Leonard) 기동은 전동기의 2차 회로에 기동저항을 접속하여 기동전류를 제한하여 기동하고 서서히 기동저항을 변경하는 방법이다.

④ 리액터 기동은 전동기의 1차측에 가변리액터를 접속하여 기동전류를 제한하고 가속 후 가변리액터를 단락하는 방법이다.

9 단자전압 150[V], 단자전류 11[A], 정격 회전속도 2,500[rpm]으로 전부하 운전되는 직류 분권 전동기의 전기자 권선에 저항 $R_S[\varOmega]$를 삽입하여 회전속도를 1,500[rpm]으로 조정하려고 할 때, 저항 $R_S[\varOmega]$는? (단, 토크는 일정하며, 전기자 저항은 0.5[$\varOmega$], 계자 저항은 150 [$\varOmega$]이다)

① 5.1
② 5.5
③ 5.8
④ 6.1

10 정격용량이 10[kVA]이고 철손과 전부하동손이 각각 160[W], 640[W]인 변압기가 있다. 이 변압기는 부하역률 72[%]에서 전부하 효율이 A[%]이며, 전부하의 $\dfrac{1}{B}$ 에서 최대효율이 나타날 때, A[%]와 B는?

	A[%]	B
①	90	2
②	92	2
③	90	4
④	92	4

11 SCR를 이용한 인버터 회로가 있다. SCR가 도통상태에서 20[A]의 부하전류가 흐를 때, 게이트 동작 범위 내에서 게이트 전류를 $\frac{1}{2}$ 배로 감소하면 부하전류[A]는?

① 0   ② 10

③ 20   ④ 40

---

8 ③ 기동보상기법으로서 약 15[kW] 정도 이상의 전동기에서 기동전류를 제한하려는 경우와 고압의 농형전동기에서 3상단권변압기를 사용하여 기동전압을 낮추는 방법이 사용된다.

9 회전속도를 2,500[rpm]에서 1,500[rpm]으로 조정하려면 역기전력을 변화시키면 된다.
단자전압 $V = I_f R_f = 150[V]$ 이므로 계자전류 $I_f = 1[A]$
역기전력 $E = V - I_a R_a = 150 - (11-1) \times 0.5 = 145[V]$
$E = K\varnothing N[V]$ 이므로 역기전력은 속도와 비례한다.
$2,500 : 145 = 1,500 : x$, $x = 87[V]$
역기전력이 87[V]가 되려면
$E = 150 - 10(R_a + R_s) = 87[V]$ 에서 $R_a + R_s = 6.3[\Omega]$
$R_a = 0.5[\Omega]$ 이므로 $R_s = 5.8[\Omega]$

10 부하역률 72%에서 전부하 효율
$\eta = \dfrac{출력[kW]}{출력[kW] + 철손 + 동손} = \dfrac{10 \times 10^3 \times 0.72}{10 \times 10^3 \times 0.72 + 160 + 640} \times 100 = 90[\%]$
최대효율은 철손+동손이므로 $P_i = (\dfrac{1}{m})^2 P_c$
$\dfrac{1}{m} = \sqrt{\dfrac{160}{640}} = \dfrac{1}{2}$ 이므로 50[%] 부하에서 최대효율이 된다. $\dfrac{1}{B} = \dfrac{1}{2}$
∴ A=90[%], B=2

11 SCR은 도통(on)시키기 위해서 게이트에 (+)전압을 인가하면 된다. 일단 도통이 되면 게이트 전류는 부하전류를 제어할 수 없다.

정답 및 해설 8.③ 9.③ 10.① 11.③

12 6극, 60[Hz], 200[V], 7.5[kW]인 3상 유도전동기가 960[rpm]으로 회전하고 있을 때, 2차 주파수[Hz]는?

① 6

② 8

③ 10

④ 12

13 직류전동기의 속도 제어법으로 옳은 것만을 모두 고르면?

㉠ 저항 제어법	㉡ 전압 제어법
㉢ 계자 제어법	㉣ 주파수 제어법

① ㉠, ㉡

② ㉢, ㉣

③ ㉠, ㉡, ㉢

④ ㉠, ㉡, ㉢, ㉣

14 단상반파 정류회로와 단상전파 정류회로의 정류효율비(단상반파 정류효율/단상전파 정류효율)는?

① $\dfrac{1}{\sqrt{2}}$

② $\dfrac{1}{2}$

③ $\sqrt{2}$

④ 2

15 3상 동기발전기가 540[kVA]의 전력을 역률 0.85의 부하에 공급하고 있다. 발전기의 효율이 0.90이며 발전기 운전용 원동기의 효율이 0.85일 때, 원동기의 입력[kW]은?

① 540

② 600

③ 635

④ 706

---

12 슬립을 구하면

$$N_s = \frac{120f}{P} = \frac{120 \times 60}{6} = 1,200[rpm]$$

$$s = \frac{1,200 - 960}{1,200} = 0.2$$

$$f_2 = sf_1 = 0.2 \times 60 = 12[Hz]$$

13 직류전동기의 속도 … $N = K\dfrac{V - I_a R_a}{\varnothing}$ 으로 속도를 제어하는 방법에는 전압제어, 계자제어, 저항제어가 있다.

ㄹ 직류는 주파수가 없기 때문에 주파수 제어법은 적용할 수 없다.

14

단상반파 정류효율 $\eta_{\frac{1}{2}} = \dfrac{(\frac{I_m}{\pi})^2 R}{(\frac{I_m}{2})^2 R} \times 100 = \dfrac{4}{\pi^2} \times 100 = 40.6[\%]$

단상전파 정류효율 $\eta = \dfrac{(\frac{2I_m}{\pi})^2 R}{(\frac{I_m}{\sqrt{2}})^2 R} \times 100 = \dfrac{8}{\pi^2} \times 100 = 81.2[\%]$

따라서 $\dfrac{\text{단상반파 정류효율}}{\text{단상전파 정류효율}} = \dfrac{40.6}{81.2} = \dfrac{1}{2}$

15 동기발전기의 입력 $kW = \dfrac{540 \times 0.85}{0.9} = 510[kW]$

원동기의 입력 $kW = \dfrac{510}{0.85} = 600[kW]$

정답 및 해설 12.④ 13.③ 14.② 15.②

16 그림과 같이 단상 변압기 3대를 이용한 3상 결선 방식에 대한 설명으로 옳은 것은?

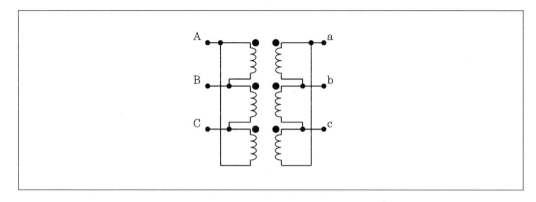

① 상전압이 선간전압의 $\dfrac{1}{\sqrt{3}}$ 배이므로 절연이 용이하다.

② 1차측 선간전압과 2차측 선간전압 사이에 30° 위상차가 발생한다.

③ 접지선을 통해 제3고조파가 흐르므로 통신선에 유도장해가 발생한다.

④ 변압기 한 대가 고장이 나도 V–V결선으로 운전을 계속할 수 있다.

17 5[kVA], 3,300/200[V]인 단상 변압기의 %저항강하와 %리액턴스강하가 각각 3[%], 4[%]이다. 이 변압기에 지상 역률 0.8의 정격부하를 걸었을 때, 전압변동률[%]은? (단, 소수점 첫째 자리까지만 구할 것)

① 0.1
② 4.8
③ 5.0
④ 5.6

18 자극 피치(pole pitch)를 T_d, 전원주파수를 f 라고 할 때, 리니어 전동기(linear motor)의 동기속도에 대한 설명으로 옳은 것은?

① T_d와 f에 비례한다.

② T_d에 비례하고 f에 반비례한다.

③ T_d에 반비례하고 f에 비례한다.

④ T_d와 f에 반비례한다.

19 6극, 회전속도 1,000[rpm]인 3상 동기발전기가 Y결선으로 운전하고 있을 때, 발전기 단자전압의 실횻값[V]은? (단, 발전기의 극당 자속 0.2[Wb], 권선수 100, 권선계수는 0.65이다)

① $650\sqrt{2}\,\pi$

② $650\sqrt{3}\,\pi$

③ $650\sqrt{6}\,\pi$

④ 1300π

---

16 △−△결선
ⓒ 단상 변압기 3대 중 한 대가 고장일 때 이것을 제거하고 나머지 2대로 V결선을 하여 송전을 계속할 수 있다.
ⓒ 제3고조파 전압은 각 상이 동상으로 되기 때문에 권선 안에는 순환전류가 흐르지만 외부에는 흐르지 않으므로 통신장해의 염려가 없다.
ⓒ 상전압과 선간전압이 같고, 1차측 전압과 2차측 전압 간에 위상차가 없다.
ⓒ 중성점을 접지할 수 없다.

17 전압변동률
$\epsilon = p\cos\theta + q\sin\theta = 3 \times 0.8 + 4 \times 0.6 = 4.8[\%]$

18 리니어 전동기는 직선운동을 하는 전동기이다.
동기속도 $v_s = 2\tau f[m/\sec]$로서 자극피치 $\tau[m]$, 전원주파수 $f[Hz]$이다.

19 $E = 4.44 f w \varnothing k = 4.44 \times 50 \times 100 \times 0.2 \times 0.65 = 2,886[V]$

$N_s = \dfrac{120f}{P}$에서 $1,000 = \dfrac{120f}{6}$, $f = 50[Hz]$

단자전압은 Y결선에서 $\sqrt{3}$ 배이므로
$V = 2,886\sqrt{3} ≒ 650\sqrt{6}\,\pi[V]$

정답 및 해설 16.④ 17.② 18.① 19.③

20 극수 6, 전기자 도체수 300, 극당 자속 0.04[Wb], 회전속도 1,200[rpm]인 직류 분권 발전기가 있다. 전기자 권선 방법이 단중 중권일 때 유기기전력 E_A[V]와 단중 파권일 때 유기기전력 E_B[V]는?

E_A[V]	E_B[V]
① 240	720
② 120	360
③ 720	240
④ 360	120

20 ㉠ 단중 중권일 경우 $a = P$

$$E_A = \frac{Z}{a}P\varnothing\frac{N}{60} = \frac{300}{60} \times 0.04 \times 1,200 = 240[V]$$

㉡ 단중 파권일 경우 $a = 2$

$$E_B = \frac{Z}{a}P\varnothing\frac{N}{60} = \frac{300}{2} \times 6 \times 0.04 \times \frac{1,200}{60} = 720[V]$$

정답 및 해설 20.①

1   직권 직류전동기에 대한 설명으로 옳지 않은 것은?

① 자속이 포화되기 전까지 토크는 전기자 전류의 제곱에 비례한다.

② 크레인용 전동기와 같이 매우 큰 토크가 필요한 곳에 적합하다.

③ 무부하 상태로 연결하여 동작하는 것을 피해야 한다.

④ 토크가 커질수록 높은 속도를 얻을 수 있다.

2   다음 그림의 DC-DC 컨버터 명칭과 정상상태에서의 입출력전압의 관계는? (단, T_D는 SW의 duty ratio이다)

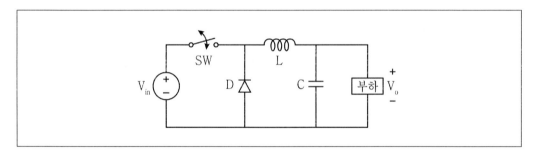

① 벅 컨버터, $V_o = T_D \times V_{in}$

② 벅 컨버터, $V_o = \dfrac{1}{(1-T_D)} \times V_{in}$

③ 부스트 컨버터, $V_o = T_D \times V_{in}$

④ 부스트 컨버터, $V_o = \dfrac{1}{(1-T_D)} \times V_{in}$

3 V-V 결선에 대한 설명으로 옳지 않은 것은?

① 소용량 3상 부하에 사용할 수 있다.

② $\triangle - \triangle$ 결선에서 1대의 변압기가 고장 나면 V-V 결선으로 운전할 수 있다.

③ $\triangle - \triangle$ 결선의 출력에 비하여 부하용량은 86.6[%], 이용률은 57.7[%]로 줄어든다.

④ 부하의 상태에 따라 2차 단자전압이 불평형이 될 수 있다.

---

1 $P = T\omega[\text{Kw}]$에서 전동기는 기본적으로 토크와 속도가 반비례한다.

직권전동기는 계자가 직렬로 연결되므로 토크가 전기자전류의 제곱과 비례하고 따라서 속도제곱과 반비례한다.

직권전동기는 무부하상태에서 계자의 자속이 0이 되면 위험속도가 되므로 피해야 한다.

직권전동기는 정출력, 변속도 전동기로 토크가 매우 크므로 전기철도와 같이 큰 토크가 필요한 곳에 적합하다.

2 그림의 회로는 벅컨버터의 기본회로이다. 스위치 S가 도통일 때 입력전압에 의하여 인덕터 L에 에너지가 축적되면서 입력측으로부터 에너지가 출력측으로 전달되고 이때 환류 다이오드 D는 차단된다. 다음 순간에 스위치 S가 차단되면 도통과정에서 인덕터 L에 축적된 에너지가 환류 다이오드 D를 통하여 출력측으로 전달된다. 이와 같이 스위치 S의 도통과 차단의 시간비율을 조정하여 원하는 직류 출력전압을 얻을 수 있다.

$$V_o = V_{in} \cdot \frac{T_{on}}{T_s} = T_D \cdot V_{in}$$

3 V결선은 변압기 2대를 사용하여 3상출력을 내는 방식이므로

변압기 출력은 $\frac{V}{\triangle} = \frac{\sqrt{3}}{3} = 0.57$가 되어 부하용량의 57%를 부담하게 되며

변압기 이용률은 $\frac{1\text{대의 } \sqrt{3} \text{ 배출력}}{2\text{대}} = 0.866$

정답 및 해설 1.④ 2.① 3.③

4 8극, 60[Hz], 12[kW]인 3상 유도전동기가 전부하 시 720[rpm]으로 회전할 때, 옳은 것은? (단, 기계손은 무시한다)

① 회전자 전류의 주파수는 12[Hz]이다.

② 회전자 효율은 90[%]이다.

③ 공극전력(회전자 입력전력)은 13.3[kW]이다.

④ 회전자 동손은 1.3[kW]이다.

5 다음의 동기기 등가회로와 벡터도에 대한 설명으로 옳지 않은 것은? (단, X_s는 동기리액턴스 이다)

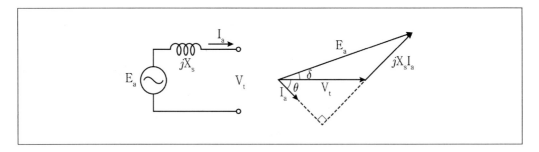

① 전동기로 동작하고 있다.

② 전류 I_a의 위상이 단자전압 V_t의 위상보다 뒤진다.

③ 무효전력이 발생한다.

④ 전류 I_a가 줄어들면 유기기전력 E_a와 단자전압 V_t의 크기 차이는 감소한다.

6 다음은 전력변환시스템의 전력단을 역할에 따라 블록으로 구분한 그림이다. 각 블록에 대한 설명으로 옳은 것은?

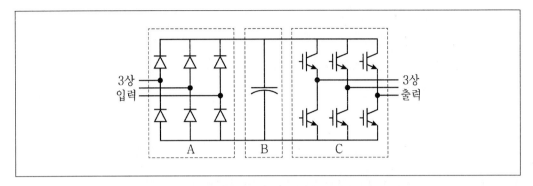

① A 블록은 3상 교류입력전압을 정류하는 3상 다이오드 반파정류기이다.

② B 블록은 A 블록의 출력전압을 평활화하기 위한 목적으로 사용된다.

③ C 블록은 교류신호를 직류신호로 변환하는 인버터를 나타낸다.

④ 선형변조 시 C 블록의 PWM 스위칭주파수가 출력전압의 주파수보다 높을수록 출력전압의 고조파 제거가 어렵다.

---

4 8극, 60[Hz], 720[rpm]

슬립을 구하면 동기속도 $N_s = \dfrac{120f}{P} = \dfrac{120 \times 60}{8} = 900[\text{rpm}]$ 로부터 $s = \dfrac{900 - 720}{900} = 0.2$가 된다.

회전자 전류의 주파수는 $f_2 = sf_1 = 0.2 \times 60 = 12[\text{Hz}]$

효율은 $\eta = 1 - s = 1 - 0.2 = 0.8$ ∴ 80%

입력전력은 $\eta = \dfrac{P_o}{P_2} = \dfrac{12[\text{Kw}]}{P_2} = 0.8$, $P_2 = 15[\text{Kw}]$

회전자 동손 $s = \dfrac{\text{동손}}{12[\text{Kw}] + \text{동손}} = 0.2$에서 동손 $= \dfrac{12[\text{Kw}] \times 0.2}{0.8} = 3[\text{Kw}]$

5 유기기전력 E_a가 단자전압 V_t보다 위상이 앞서고 크기가 크므로 발전기로 동작하고 있는 것이다.

6 회로의 A는 정류기부로서 교류입력을 직류로 변환하는 부분이다.
회로의 B는 A블록의 출력전압을 평활하기 위한 목적으로 사용된다.
회로의 C는 인버터부로서 DC를 AC로 변환하는 부분이다.
유도전동기 가변속 운전시에 PWM 주기당 펄스 수를 많이 출력되도록 변조시키고, 높은 주파수 운전시에는 주기당 펄스 수를 적게 출력되도록 하면, 기본파출력의 크기를 높이면서 고조파를 효과적으로 억제시켜 효율적인 운전이 된다.

정답 및 해설 4.① 5.① 6.②

7 유도전동기에 대한 설명으로 옳지 않은 것은?

① 회전자에 흐르는 전류는 지상전류이다.

② 정격속도로 운전할 때보다 기동 시의 2차측 누설리액턴스가 크다.

③ 슬립 s에서 유도전동기의 이론적인 최고효율은 $1 - s$이다.

④ 변압기에 비하여 일반적으로 누설리액턴스가 작다.

8 직류전동기의 기동 방법에 대한 설명으로 옳은 것은?

① 전기자 저항은 크게 하고 계자 저항은 최소로 한다.

② 전기자 저항은 크게 하고 계자 저항은 최대로 한다.

③ 전기자 저항은 작게 하고 계자 저항은 최소로 한다.

④ 전기자 저항은 작게 하고 계자 저항은 최대로 한다.

9 15,000/200[V], 10[kVA]인 변압기의 등가회로는 다음과 같다. 변압기의 출력전압이 정격전압이라 가정하고 0.8 지상역률 정격부하에서 운전되고 있을 때, 전압변동률[%]은? (단, 1차측 권선저항과 누설리액턴스는 무시한다)

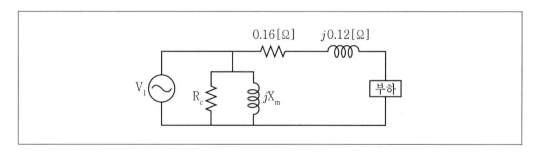

① 5

② −5

③ 6

④ −6

10 타여자 직류발전기 A와 B가 병렬운전으로 130[A]의 부하전류를 공급하고 있다. 전기자 저항이 $R_A = 0.2[\Omega]$와 $R_B = 0.3[\Omega]$일 때, 각 발전기의 분담전류 I_A [A]와 I_B [A]는? (단, A와 B의 유기기전력은 같다)

	I_A	I_B
①	40	90
②	90	40
③	52	78
④	78	52

---

7 유도전동기는 회전기이므로 공극에 의한 누설리액턴스가 변압기보다 크다.
슬립 s에서 효율은 1−s가 되고, 정격속도로 운전할 때 리액턴스는 sx_2로서 정지 상태일 때 x_2보다 매우 작다.

8 직류전동기 기동시에 회전수 N=0이므로 자속은 최대가 되고 따라서 계자저항은 최소로 놓아야 한다. 전기자 저항은 대단히 작은 값이나, 운전 중에는 전기자에 역기전력이 발생하므로 전기자 전류를 적당한 값으로 유지하여야 한다. 그러나 기동하는 순간에는 역기전력이 발생하지 않으므로 전원전압을 그대로 전기자 회로에 가하면 대단히 큰 전류(기동전류)가 유입하여 전기자 권선이나 브러시, 정류자 등을 손상시키거나 전원을 교란시킬 염려가 있다. 이것을 방지하기 위해 처음에 적당히 큰 전기자 저항을 전기자회로에 넣고 기동전류를 전부하 전류의 1~2배 정도 이상으로 크게 되지 않도록 한다. 속도가 증가함에 따라 저항은 서서히 감소하도록 한다.

9 전압변동률
$\epsilon = p\cos\theta + q\sin\theta$에서
$$p = \%R = \frac{PR}{10\,V^2} = \frac{10 \times 0.16}{10 \times 0.2^2} = 4$$
$$q = \%X = \frac{PX}{10\,V^2} = \frac{10 \times 0.12}{10 \times 0.2^2} = 3$$
$$\epsilon = p\cos\theta + q\sin\theta = 4 \times 0.8 + 3 \times 0.6 = 5[\%]$$

10 직류발전기가 병렬운전하면 기전력이 같아야 하므로
$$R_A I_A = R_B I_B$$
$$0.2 \times I_A = 0.3 \times (130 - I_A) = 39 - 0.3 I_A$$
$$I_A = 78[A], \ I_B = 52[A]$$

정답 및 해설 7.④ 8.① 9.① 10.④

11 그림과 같은 3상 유도전동기의 토크 속도 특성 곡선에서 정상 운전 범위로 옳은 것은?

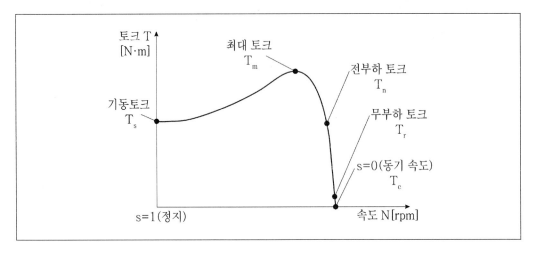

① $T_s - T_m$구간 ② $T_m - T_n$구간

③ $T_n - T_r$구간 ④ $T_r - T_e$구간

12 변압기유에 대한 설명으로 옳지 않은 것은?

① 절연 내력이 커야 한다.

② 인화점이 낮아야 한다.

③ 절연재료 및 금속과 접하여도 화학작용을 일으키지 않아야 한다.

④ 유동성이 풍부하고 비열이 커서 냉각효과가 커야 한다.

13 유도기의 기동 및 운전에 대한 설명으로 옳지 않은 것은?

① 농형 유도전동기의 속도 제어 방법에는 주파수 제어, 극수 변환, 2차 저항법, 전압 제어 등이 있다.

② 유도전동기를 신속히 정지시키기 위해서 역상 제동법을 사용할 수 있다.

③ 농형 유도전동기의 기동 특성과 운전 특성을 조정하기 위해 이중농형, 심구형 회전자가 사용된다.

④ 순수한 단상 유도전동기는 기동토크가 없어 기동 보조장치가 필요하다.

14 변압기의 1차측 전압은 220[V]이다. 다음의 변압기 등가회로에서 무부하전류가 0.5[A]이고 철손이 66[W]일 때, 자화전류[A]는? (단, 1차측 권선저항과 누설리액턴스는 무시한다)

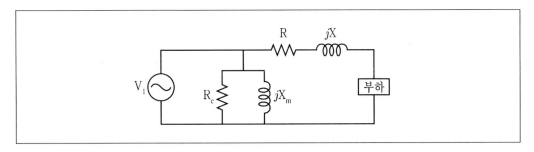

① 0.3

② 0.4

③ 0.5

④ 0.6

---

11 유도전동기의 정상운전범위는 0 < s < 1이므로 슬립에 의해 동기속도보다 항상 속도가 늦다.
    안정운전영역은 슬립이 무부하토크에서 전부하토크 사이이다.

13 변압기에 사용하는 절연유는 절연내력이 클 것, 절연재료 및 금속과 접촉해도 화학작용을 미치지 않을 것, 인화점이 높을 것, 유동성이 풍부하고 비열이 커서 냉각효과가 클 것, 고온에서 석출물이 생기거나 산화하지 않을 것 등의 성질을 가지고 있어야 한다.

13 2차 저항제어법은 권선형 유도전동기에 한하여 이용하는 방법으로 2차측에 슬립링을 부착하고 속도제어용 저항을 넣은 것이다. 저항에 따라 조정하여 부하토크와의 교점을 변화시켜서 속도를 제어하는 방법이다.

14 무부하 전류가 0.5[A], 철손이 66[W]
    무부하전류 i_o = 철손전류 + j자화전류
    $i_o = i_i + ji_\varnothing = \sqrt{(\dfrac{66}{220})^2 + i_\varnothing^2} = 0.5$
    $i_\varnothing = \sqrt{0.5^2 - 0.3^2} = 0.4[A]$

정답 및 해설 11.③ 12.② 13.① 14.②

15 동기발전기의 권선법에 대한 설명으로 옳은 것은?

① 분포권은 집중권에 비하여 합성 유기기전력이 크다.

② 단절권은 전절권에 비하여 합성 유기기전력이 크다.

③ 단절권은 전절권에 비하여 고조파성분이 감소한다.

④ 분포권은 집중권에 비하여 코일에서 발생하는 열이 일부분에 집중된다.

16 브러시리스 직류전동기의 특징으로 옳지 않은 것은?

① 수명이 길고 잡음이 적다.

② 전기자가 회전하는 구조를 가진다.

③ 구동전류는 구형파 또는 준구형파 형태이다.

④ 회전자 위치 검출 용도로 홀 센서가 사용된다.

17 마그네틱 토크와 릴럭턴스 토크 모두 사용 가능한 전동기는?

① 스위치드 릴럭턴스 전동기

② 릴럭턴스 동기전동기

③ 표면부착형 영구자석 동기전동기

④ 매입형 영구자석 동기전동기

18 무부하 상태에서 분권 직류발전기의 계자 저항이 80[Ω], 계자 전류가 1.5[A], 전기자 저항이 2[Ω]일 때, 단자전압 V_t[V]와 유기기전력 E[V]는?

V_t	E
① 80	120
② 120	120
③ 120	123
④ 160	123

15 동기발전기의 권선법으로 분포권과 단절권이 있다. 두가지 다 파형개선을 위해서 하는 것인데 단절권은 전기자 권선의 간격을 좁게 하여 특정고조파를 제거할 수 있다.
분포권이나 단절권은 집중권, 전절권에 비해 유기기전력이 낮다.

16 브러시리스 직류전동기 … 직류정류자 전동기는 양호한 특성이 있으나 정류자와 브러시에 의한 장해가 발생하는 경향이 있다. 이런 이유로 정류기구의 비접촉화가 연구되었는데 브러시리스 전동기는 여기에 상응하는 것으로서 직류전동기와는 반대로 영구자석 계자를 회전기로. 전기자권선을 고정자로하여 정류기구나 자극센서와 반도체 스위치로 치환한 것이다.

17 매입형 영구자석 전동기는 마그네틱 토크에 추가적인 릴럭턴스 토크가 발생하여 출력밀도 측면에서 우수하다. 고속회전에 적합하며 고효율, 고출력이 필요한 구동형 견인전동기로 주로 사용한다. 전동기 회전자 구조가 헤테로폴라타입으로 인접한 극을 N–S–N–S로 구성한다.
- **기계적 측면의 장점**: 회전자 코어 내 자석이 삽입되므로 자석비산 염려가 없음. 안정적 구조
- **기계적 측면의 단점**: 회전자 형상이 복잡하여 코어프레스 금형비용 상승
- **자기적인 측면의 장점**: 기계적인 공극과 동일한 자기적인 공극을 가질 수 있음. 자석 형상과 배치의 자유도가 크다. 추가적인 릴럭턴스 토크의 존재. 역돌극성을 이용하여 기동시 센서리스 운전이 가능
- **자기적인 측면의 단점**: 회전자코어에 누설자속이 발생. 상대적으로 큰 공극상의 공간 고조파의 성분으로 인한 토크리플이 크다.

18 분권 직류 발전기
단자전압 $V_t = I_f R_f = 1.5 \times 80 = 120[\text{V}]$
무부하이므로 전기자 전류와 계자전류가 같다.
따라서 유기기전력 $E = V + R_a I_a = 120 + 1.5 \times 2 = 123[\text{V}]$

정답 및 해설 15.③ 16.② 17.④ 18.③

19 그림과 같은 단상 다이오드 정류회로에 대한 설명으로 옳지 않은 것은? (단, 정류회로는 정상상태이며 시정수 $\dfrac{L}{R}$은 충분히 크다)

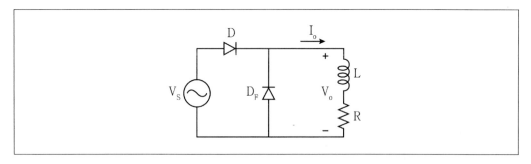

① 유도성 부하에 축적된 에너지 소모를 위한 경로가 있다.

② D_F는 부하전류 I_o를 평활화하는 역할을 한다.

③ D_F를 제거 시, 출력전압 V_o의 평균값이 증가한다.

④ 교류전압 한 주기 동안의 인덕터 전압의 평균값은 0이다.

20 동기전동기가 동기속도로 운전되기 위한 기동법으로 옳지 않은 것은? (단, 계자 권선에는 전원이 인가되어 있다)

① 주파수 제어에 의한 기동법

② 원동기에 의한 기동법

③ 제동권선에 의한 기동법

④ 전압 증가에 의한 기동법

19 단상반파정류회로에서 환류다이오드 D_F를 추가하면 평균전압 및 전류는 증가하는 효과를 가져온다. 이 환류다이오드는 부하양단에 나타나는 부전압을 방지하며, 저장되는 에너지를 증대시킨다. D로부터의 전류는 환류다이오드 D_F로 전환되는데 이를 다이오드의 커뮤테이션이라 부른다. 부하전류는 시정수에 따라 불연속이 되는데, 순저항 부하의 경우 불연속이 되며, 매우 큰 유도성 부하의 경우 연속이 된다.

20 동기전동기의 기동법은 자기동법과 기동전동기법이 있다.
자기동법은 제동권선에 의한 기동토크를 이용하는 방법이다.
기동전동기법은 기동용 전동기(동기기에 직결된 유도전동기나 유도동기전동기, 원동기라고 한다)에 의하여 기동시키는 방법이다. 전압증가에 의한 기동법은 적용하지 않는다.

정답 및 해설 19.③ 20.④

1 두 대의 동기발전기가 병렬로 운전하고 있을 때 동기화 전류가 흐르는 경우는?

① 상회전 방향이 다를 때
② 기전력의 위상에 차이가 있을 때
③ 기전력의 크기에 차이가 있을 때
④ 기전력의 파형에 차이가 있을 때

2 3상 유도전동기의 회생제동에 대한 설명으로 옳은 것은?

① 슬립이 0보다 크다.
② 유도발전기로 작동한다.
③ 회전자계가 반대 방향으로 된다.
④ 기계적인 마찰이나 발열이 발생해 위험하다.

3 직류 직권전동기에서 직류 인가전원의 극성을 반대로 연결하면 발생되는 현상을 바르게 연결한 것은?

	속도	회전방향
①	불변	반대
②	불변	불변
③	증가	반대
④	증가	불변

4 사이리스터(SCR) 2개를 역병렬로 접속한 것과 등가인 반도체로, 양방향으로 전류가 흐르기 때문에 교류위상제어를 위한 스위치로 주로 사용되는 것은?

① GTO

② IGBT

③ TRIAC

④ MOSFET

---

1 동기발전기의 병렬운전 조건은 기전력이 같을 것, 위상이 같을 것, 파형이 같을 것, 주파수가 같을 것 등이 있다. 기전력이 다르면 병렬회로에 무효순환전류가 흐르며 위상이 다르면 유효횡류가 흐르게 된다. 유효횡류는 동기화전류라고 한다.

동기화 전류에 의해 발전기가 받는 전력을 동기화력이라고 한다.

$$I_{cs} = \frac{E}{Z_s} \sin \frac{\delta}{2} [\text{A}], \quad P = EI_s \cos \frac{\delta}{2} = \frac{E^2}{2Z_s} \sin \delta [\text{W}]$$

2 회생제동 : 이 제동법은 크레인이나 언덕길에 운전되는 전기기관차 등에 사용되는 것이며, 유도전동기를 전원에 연결시킨 상태로 동기속도 이상의 속도에서 운전하여 유도발전기로 작동시키면 $s = \dfrac{N_s - N}{N_s}$ 에서 $N > N_s$ 이므로 $s < 0$ 이 된다. 발생된 전력을 전원으로 반환되면서 제동하는 방법이다. 기계적인 제동과 같이 마찰로 인한 마모나 발열이 없고 전력을 회수할 수 있으므로 유리하다.

3 직류 직권전동기의 인가전원의 극성을 반대로 하면 계자와 전기자의 극성이 함께 전환되므로 속도나 회전방향의 변화가 없다. 회전방향을 반대로 하려면 전기자나 계자의 권선 중 어느 한 가지만 극성을 반대로 하면 된다.

4 TRIAC : 2개의 실리콘제어 정류기(SCR)가 역병렬로 접속된 것과 동일한 기능을 갖는 양방향 사이리스터로서 교류전원 컨트롤용으로 사용된다.

정답 및 해설 1.② 2.② 3.② 4.③

5 유도기에 대한 설명으로 옳지 않은 것은?

① 세이딩 코일형 단상 유도기에는 콘덴서가 필요하다.

② 단상 유도전동기는 기동토크가 0이므로 기동장치가 필요하다.

③ 무부하로 운전되는 3상 유도전동기에서 한 상을 제거해도 전동기는 계속 회전한다.

④ 단상 유도전동기 토크 발생 원리는 이중 회전자계 또는 교번자계 이론으로 설명할 수 있다.

6 전력변환회로와 제어신호에 대한 설명으로 옳지 않은 것은?

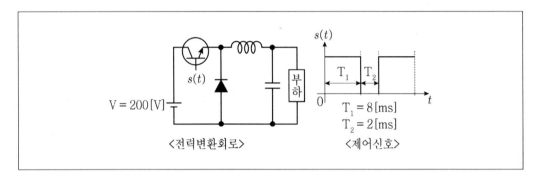

① 제어신호의 듀티비는 0.25이다.

② 직류전압을 낮추는 강압 쵸퍼회로이다.

③ 바이폴러 트랜지스터, 환류 다이오드를 사용하였다.

④ 인덕터 전류가 연속이고 소자의 전압강하를 무시하면, 부하전압의 평균값은 160[V]이다.

7 6,000/600[V], 5[kVA]인 단상변압기를 승압용 단권변압기로 변경하여 사용하고자 한다. 1차측에 6,000[V]를 인가할 때, 과부하 없이 2차측에 공급할 수 있는 최대 부하용량[kVA]은?

① 0.5   ② 5

③ 50   ④ 55

8 A, B 두 대의 직류발전기를 병렬 운전하여 부하에 60[A] 전류를 공급하고 있다. A 발전기의 유도기전력은 240[V], 내부저항은 2[Ω]이고, B 발전기의 유도기전력은 220[V], 내부저항은 0.5[Ω]이다. 이 경우 B 발전기가 부담하는 전류[A]는?

① 20

② 30

③ 40

④ 50

---

5 세이딩 코일형 단상 유도전동기는 회전자는 농형이고, 고정자의 성층철심은 몇 개의 돌극으로 되어있다. 자극 철심에는 1차권선이 감겨있고, 자극의 일부에는 세이딩 코일이 감겨있다. 단상 교류 순시치에 따라 세이딩 코일에는 리액턴스 전압이 유도되고, 세이딩 코일에 전류가 흘러서 생긴 자속과 계자자속의 합한 자속이 이동함으로 이동자계가 발생한다. 이 전동기는 구조상 회전방향을 바꿀 수 없다. 역률과 효율이 모두 낮고 속도변동률이 크다.

세이딩 코일형 단상 유도기는 콘덴서를 사용하지 않는다.

6 회로는 벅 컨버터이다.

듀티비 $D = \dfrac{T_{on}}{T_s} = \dfrac{8}{10} = 0.8$

출력전압 $V_o = D \cdot V_{in} = 0.8 \times 200 = 160[\text{V}]$

7 승압용 단권변압기를 사용하여 승압을 하면

$V_2 = V_1 \left(1 + \dfrac{e_2}{e_1} \right) = 6,000 \left(1 + \dfrac{600}{6,000} \right) = 6,600[\text{V}]$

$\dfrac{\text{승압기 자기용량}}{\text{부하용량}} = \dfrac{V_H - V_L}{V_H} = \dfrac{6,600 - 6,000}{6,600}$

최대부하용량 = 승압기 자기용량 $\times \dfrac{V_H}{V_H - V_L} = 5 \times \dfrac{6,600}{6,600 - 6,000} = 55[\text{KVA}]$

8 두 개의 직류발전기 병렬 운전 부하에 60[A] 공급

병렬 운전이므로 기전력이 같다.

$V_A - I_A R_A = V_B - I_B R_B$

$240 - 2I_A = 220 - (60 - I_A) \times 0.5$

$I_A = 20[\text{A}], \ I_B = 40[\text{A}]$

정답 및 해설 5.① 6.① 7.④ 8.③

9 직류서보모터에 대한 설명으로 옳지 않은 것은?

① 정밀한 속도제어 및 위치제어에 주로 사용된다.

② 많은 수의 정류자편을 가지고 있기 때문에 토크 리플이 크다.

③ 전동기 구동방식으로는 전력용 반도체 소자를 이용한 PWM 방식이 주로 사용된다.

④ 직류전동기에 비해 저속에서는 큰 토크를 발생시키고, 고속에서는 작은 토크를 발생시킨다.

10 3상변압에서 단상변압기 3대를 사용하는 것보다 3상변압기 한 대를 사용했을 때의 장점으로 옳지 않은 것은?

① 부하시에 탭 절환장치를 채용하는 데 유리하다.

② 사용 철량이 적어 철손도 적게 되므로 효율이 좋다.

③ Y 또는 △ 의 고전압 결선이 외함 내에서 되므로 부싱을 절약할 수 있다.

④ 한 상에 고장이 발생해도 변압기를 V결선으로 하여 운전을 계속할 수 있다.

11 직류발전기의 전기자 반작용을 방지하기 위한 방법으로 옳지 않은 것은?

① 보극을 설치한다.

② 보상권선을 설치한다.

③ 철심을 성층하여 사용한다.

④ 브러시의 위치를 발전기의 이동된 자기 중성축에 일치시킨다.

12 직류발전기의 회전수가 2배로 증가하였을 때, 발생 기전력을 이전과 같은 값으로 유지하려면 속도 변화 전에 비해 여자는 몇 배가 되어야 하는가? (단, 자기포화는 무시한다)

① $\dfrac{1}{4}$ 　　　　　　　　　　② $\dfrac{1}{2}$

③ 2 　　　　　　　　　　　　④ 4

13 동기기의 난조 방지에 대한 대책으로 옳지 않은 것은?

① 제동권선을 설치한다.

② 플라이휠을 설치한다.

③ 전기자 저항을 크게 한다.

④ 조속기의 감도를 적당히 조정한다.

---

9 직류서보모터의 장점과 단점

　DC모터는 제어용 모터로서 가장 이상적이지만 최대의 단점은 기계적인 브러시와 정류자를 가지고 있다는 것이다. 브러시는 마모에 대한 유지보수가 필요하고, 안정조건유지의 곤란, 불안정성 등이 있다는 점이다. 장점은 제어성이 좋은 점과 제어장치의 경제성이다. 정밀한 속도제어 및 위치제어가 탁월하다.

10 3상변압기를 사용하면 철심재료가 적어도 되고, 부싱과 유량이 3대의 단상변압기 보다 적고 경제적이다. 발전소에서 발전기와 변압기를 조합하여 1단위로 고려하는 방식이 증가하고 결선이 쉽다. 부하시 탭 절환장치를 채용하는 데 유리한 점이 있다. 그렇지만 단상변압기 3대의 경우 1대가 고장이 나면 나머지 2대를 V결선하여 그대로 운전을 계속할 수 있으나 3상변압기에서는 그것을 할 수 없다.

11 직류발전기의 전기자 반작용은 계자의 자속이 회전자의 자계의 영향을 받아 일그러지고, 중성축이 이동하는 현상을 말한다. 이를 방지하기 위해 보상권선을 사용하고 보극을 설치한다. 철심을 성층하는 것은 무부하손실인 와류손을 감소시키기 위한 것으로 전기자 반작용과는 관계가 없다.

12 직류발전기의 유도기전력

$E = \dfrac{Z}{a} P\varnothing \dfrac{N}{60} = K\varnothing N[\mathrm{V}]$ 으로 유기기전력이 일정할 때 회전수가 2배가 되면 여자는 1/2로 감소한다.

13 동기기는 일정한 속도로 회전하는 기기로서 속도변동이 되지 않으므로 난조현상을 방지하여야 한다. 난조의 원인은 전원전압, 주파수의 주기적 변동이나 부하토크의 주기적 변동, 전기자 회로의 저항 과대가 원인이 된다. 그러므로 난조를 방지하기 위해서는 제동권선을 설치하거나, 플라이휠을 설치한다. 전기자 저항이 작아야 한다.

정답 및 해설　9.② 10.④ 11.③ 12.② 13.③

14 다음 회로도는 유도전동기 운전 시 2차측 등가회로를 나타낸다. A회로와 B회로가 등가회로인 경우 R로 옳은 것은?

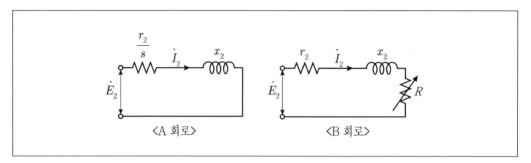

① $(\dfrac{1-s}{s})r_2$

② $(\dfrac{1-s^2}{s})r_2$

③ $(\dfrac{s}{1-s})r_2$

④ $(\dfrac{s^2}{1-s})r_2$

15 정격전압 6,600[V], 정격전류 480[A]의 3상 동기발전기에서 계자전류가 200[A]일 때, 정격속도에서 무부하 단자전압이 6,600[V]이고 3상 단락전류가 600[A]이면, 이 발전기의 단락비는?

① 0.8

② 1.1

③ 1.25

④ 3

16 동기전동기의 V곡선에 대한 설명으로 옳지 않은 것은?

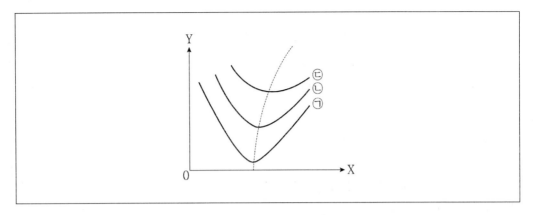

① 각 곡선의 최저점은 역률 1에 해당하는 점들이다.

② 곡선 ㉠, ㉡, ㉢으로 갈수록 부하가 증가하는 경우의 곡선이다.

③ X축은 계자전류, Y축은 전기자전류의 관계를 나타낸 그래프이다.

④ 점선의 왼쪽은 콘덴서처럼 앞선 역률이 되고, 점선의 오른쪽은 리액터처럼 뒤진 역률이 된다.

---

14 $I_2 = \dfrac{sE_2}{\sqrt{r_2^2 + (sx_2)^2}} = \dfrac{E_2}{\sqrt{(\dfrac{r_2}{s})^2 + x_2^2}}$ [A]에서

$\dfrac{r_2}{s} = r_2 + R$로 분리를 하면

$R = \dfrac{r_2}{s} - r_2 = (\dfrac{1}{s} - 1)r_2 = (\dfrac{1-s}{s})r_2$

15 단락비 $K = \dfrac{I_s}{I_n} = \dfrac{600}{480} = 1.25$ 단락비가 클수록 전압변동률이 낮고 안정도가 높다.

16 동기전동기의 V곡선이다.

점선의 오른쪽은 콘덴서로 작용하여 진상역률이 되고, 점선의 왼쪽은 리액터로 작용하여 지상역률이 된다.

오른쪽은 중부하시 계자 전류를 크게 하여 역률을 좋게 할 수 있으며 왼쪽은 경부하시 페란티 현상을 방지할 수 있다.

17 변압기 손실에 대한 설명으로 옳지 않은 것은?

① 효율은 고정손과 부하손이 같을 때 가장 높다.

② 철손과 동손은 부하가 증가함에 따라 같이 증가한다.

③ 부하손은 부하전류로 인해 발생하는 동손과 누설자속에 의한 표류부하손이 있다.

④ 철손은 철심 중의 자속이 변화하여 발생하는 손실로 히스테리시스손과 와류손이 있다.

18 스테핑모터에 대한 설명으로 옳지 않은 것은?

① 회전각은 입력 펄스수에 비례한다.

② 분당 회전수는 분당 펄스수에 비례한다.

③ 피드백이 필요치 않아 제어계가 간단하다.

④ 극수를 줄이면 스테핑모터의 정밀도가 높아진다.

19 출력 11.5[kW], 6극 60[Hz]인 3상 유도전동기가 있다. 전부하 운전에서 2차동손이 500[W]일 때, 전동기의 전부하 시 토크[N · m]는? (단, 기계손은 무시하고 π는 3.14로 계산하며, 최종값은 소수 셋째 자리에서 반올림한다)

① 23

② 87.58

③ 91.59

④ 95.54

20 100[kVA]의 변압기에서 무부하손이 36[W]이고, 전부하 동손이 100[W]이다. 이 변압기의 최대 효율은 전부하의 몇 [%]에서 나타나는가?

① 40

② 50

③ 60

④ 70

17 변압기손실은 철손과 동손이 있으며 철손은 부하와 관계없이 변압기에 전원이 투입되면 발생하는 손실이다. 따라서 부하가 증가하면 동손은 증가하지만 철손은 변하지 않는다.

18 스테핑모터(stepping motor)의 특징
- 스테핑모터는 디지털기기와의 조합이 극히 용이하고 회전각도, 속도, 정역회전, 기동, 정지 등의 동작이 정확, 신속하게 행해지는 이점이 있다. 스테핑모터의 회전각도는 입력펄스 수에 비례하고, 회전속도는 입력펄스의 주파수에 비례하므로, 입력 펄스 주파수의 간단한 변환에 의해 회전속도를 큰 폭으로 가변제어 할 수 있다.
- 서보모터와 다른 점은 서보모터는 피드백제어를 하지만 스테핑모터는 피드백을 사용하지 않는다. 따라서 약간의 오차가 있으나 오차가 누적되지 않는다.

19 슬립을 구하면

$$s = \frac{2차동손}{2차입력} = \frac{2차동손}{2차출력+기계손+동손}$$

$$s = \frac{500}{11.5\times10^3+500} = 0.0416, \quad N = \frac{120f}{P}(1-s) = 1,200(1-0.0416) = 1,150[\text{rpm}]$$

$$P = T\omega = T\frac{2\pi N}{60} = 11.5[\text{KW}]$$

대입하면 $T = 95.54[\text{N}\cdot\text{m}]$

20 최대효율부하 $\dfrac{1}{m} = \sqrt{\dfrac{P_i}{P_c}} = \sqrt{\dfrac{36}{100}} = \dfrac{6}{10} = 0.6$, 60% 부하이므로

$100[\text{KVA}] \times 0.6 = 60[\text{KVA}]$

정답 및 해설 17.② 18.④ 19.④ 20.③

당신의 꿈은 뭔가요?
MY BUCKET LIST !

꿈은 목표를 향해 가는 길에 필요한 휴식과 같아요.

여기에 당신의 소중한 위시리스트를 적어보세요. 하나하나 적다보면 어느새 기분도

좋아지고 다시 달리는 힘을 얻게 될 거예요.

☐ _____   ☐ _____
☐ _____   ☐ _____
☐ _____   ☐ _____
☐ _____   ☐ _____
☐ _____   ☐ _____
☐ _____   ☐ _____
☐ _____   ☐ _____
☐ _____   ☐ _____
☐ _____   ☐ _____
☐ _____   ☐ _____
☐ _____   ☐ _____
☐ _____   ☐ _____
☐ _____   ☐ _____
☐ _____   ☐ _____
☐ _____   ☐ _____
☐ _____   ☐ _____
☐ _____   ☐ _____
☐ _____   ☐ _____
☐ _____   ☐ _____
☐ _____   ☐ _____
☐ _____   ☐ _____
☐ _____   ☐ _____
☐ _____   ☐ _____

창의적인 사람이 되기 위해서

정보가 넘치는 요즘, 모두들 창의적인 사람을 찾죠.
정보의 더미에서 평범한 것을 비범하게 만드는 마법의 손이 필요합니다.
어떻게 해야 마법의 손과 같은 '창의성'을 가질 수 있을까요. 여러분께만 알려 드릴게요!

01. 생각나는 모든 것을 적어 보세요.

아이디어는 단번에 솟아나는 것이 아니죠. 원하는 것이나, 새로 알게 된 레시피나, 뭐든 좋아요.
떠오르는 생각을 모두 적어 보세요.

02. '잘하고 싶어!'가 아니라 '잘하고 있다!'라고 생각하세요.

누구나 자신을 다그치곤 합니다. 잘해야 해. 잘하고 싶어.
그럴 때는 고개를 세 번 젓고 나서 외치세요. '나, 잘하고 있다!'

03. 새로운 것을 시도해 보세요.

신선한 아이디어는 새로운 곳에서 떠오르죠. 처음 가는 장소. 다양한 장르에 음악. 나와 다른 분야의 사람.
익숙하지 않은 신선한 것들을 찾아서 탐험해 보세요.

04. 남들에게 보여 주세요.

독특한 아이디어라도 혼자 가지고 있다면 키워 내기 어렵죠.
최대한 많은 사람들과 함께 정보를 나누며 아이디어를 발전시키세요.

05. 잠시만 쉬세요.

생각을 계속 하다보면 한쪽으로 치우치기 쉬워요. 25분 생각했다면 5분은 쉬어 주세요.
휴식도 창의성을 키워 주는 중요한 요소랍니다.